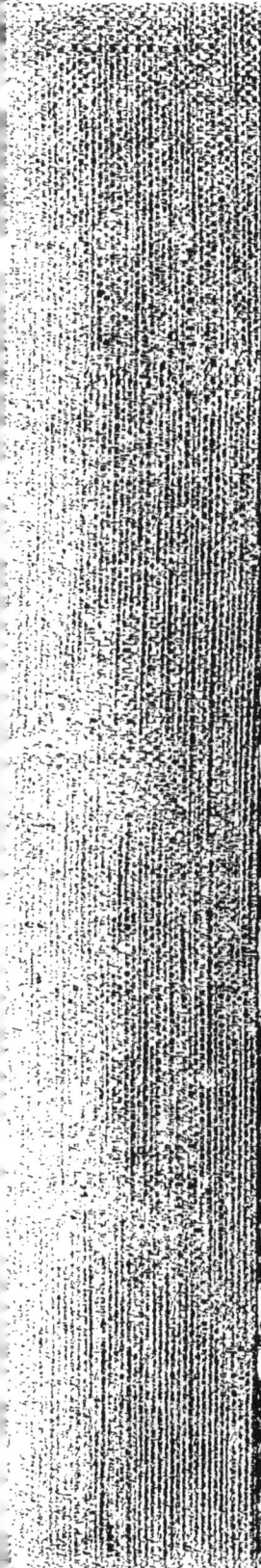

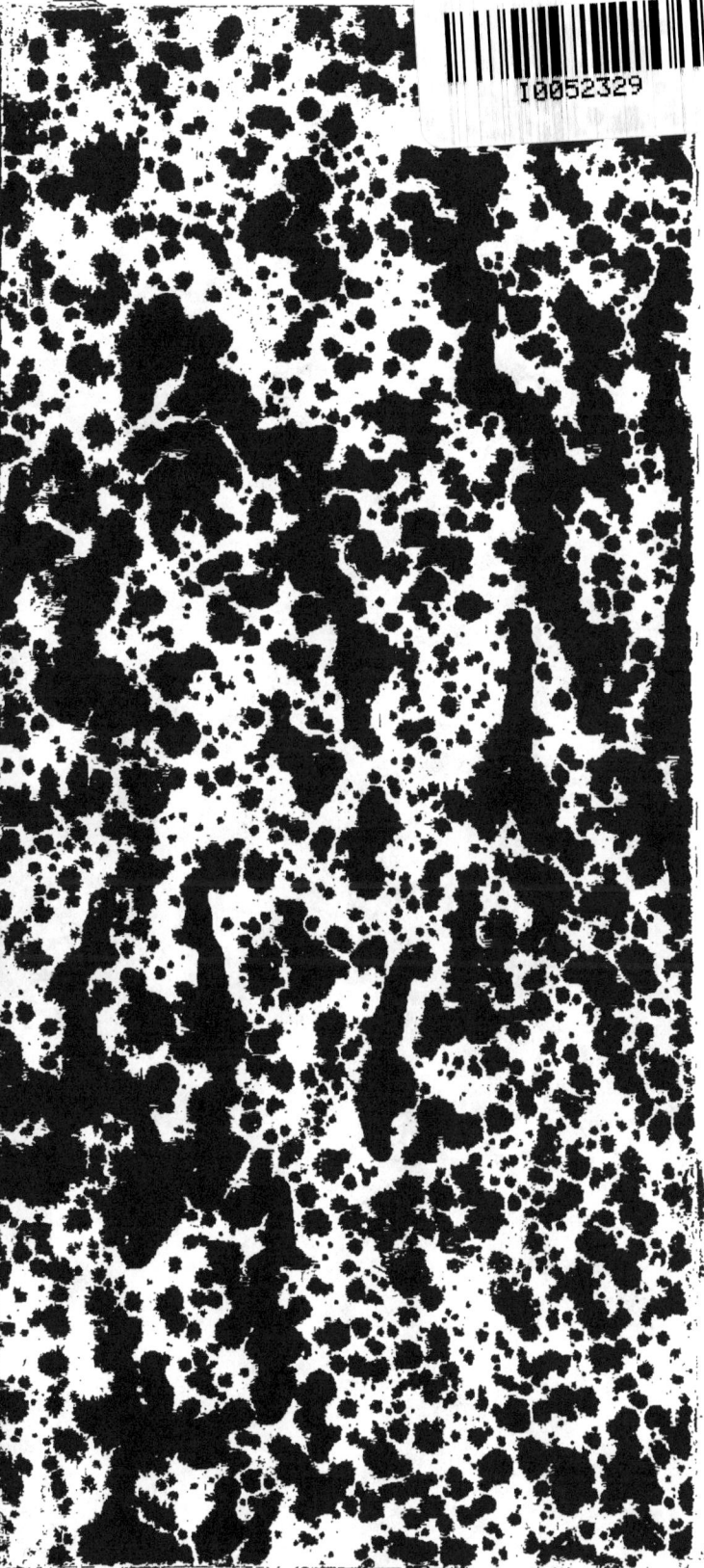

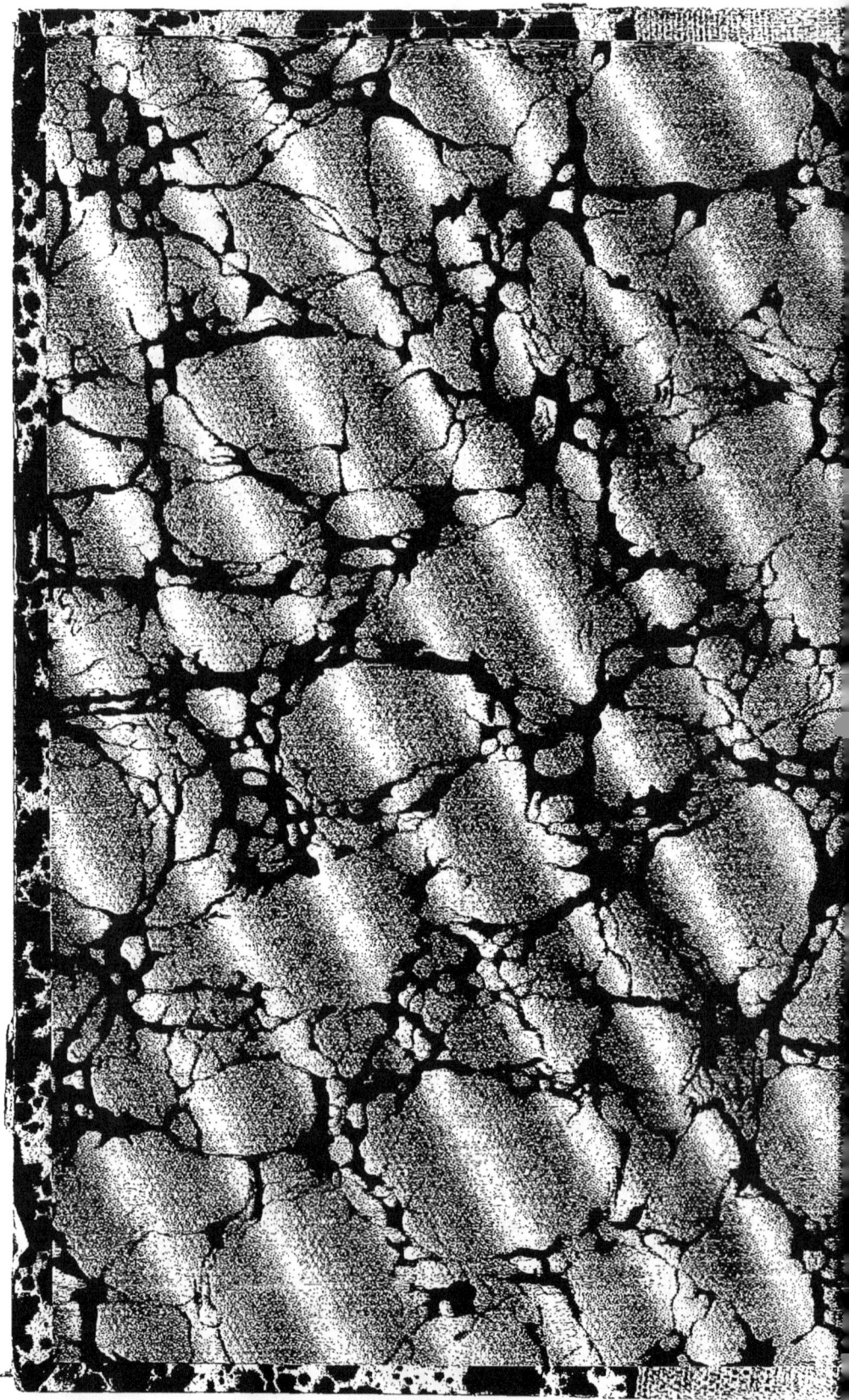

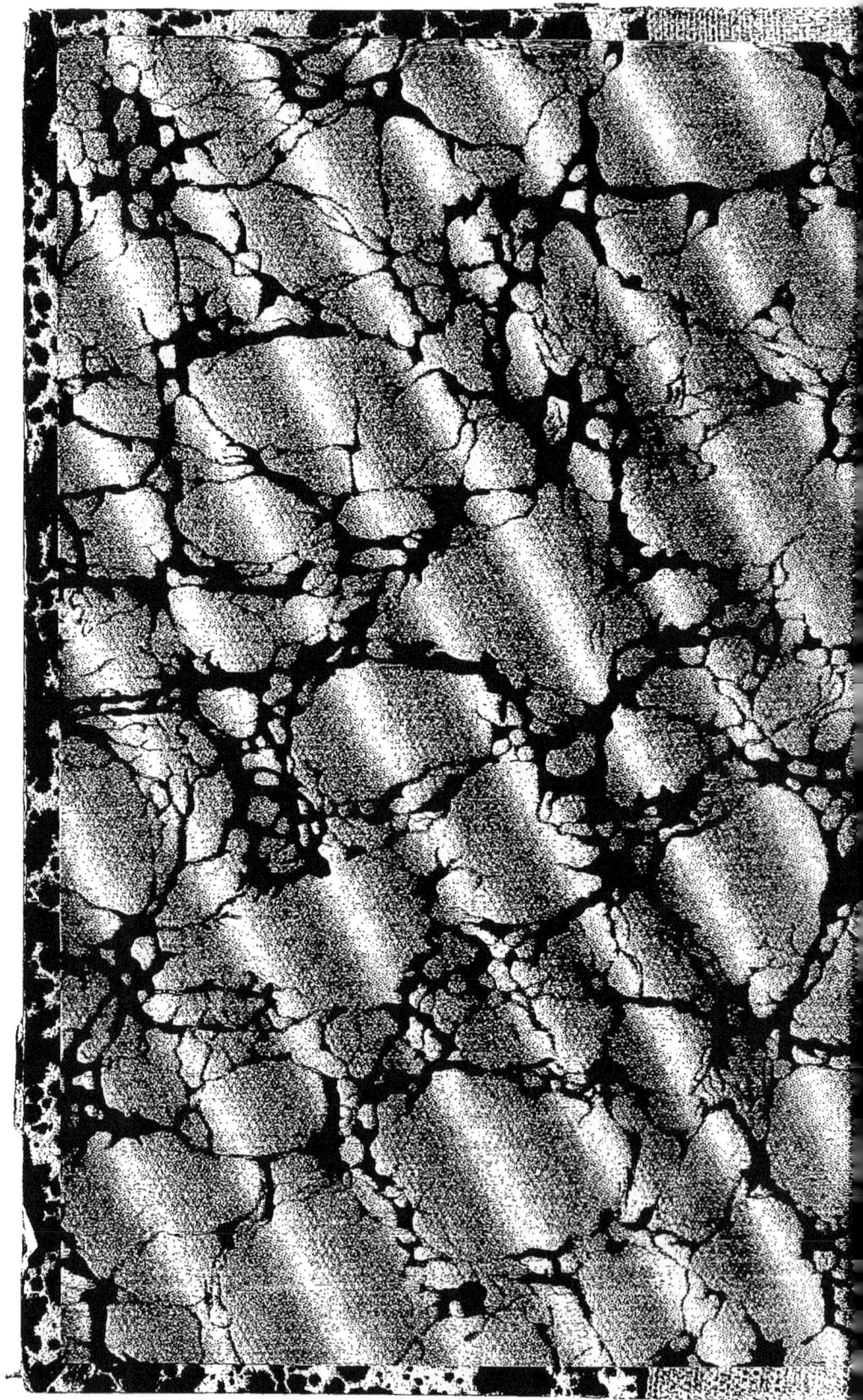

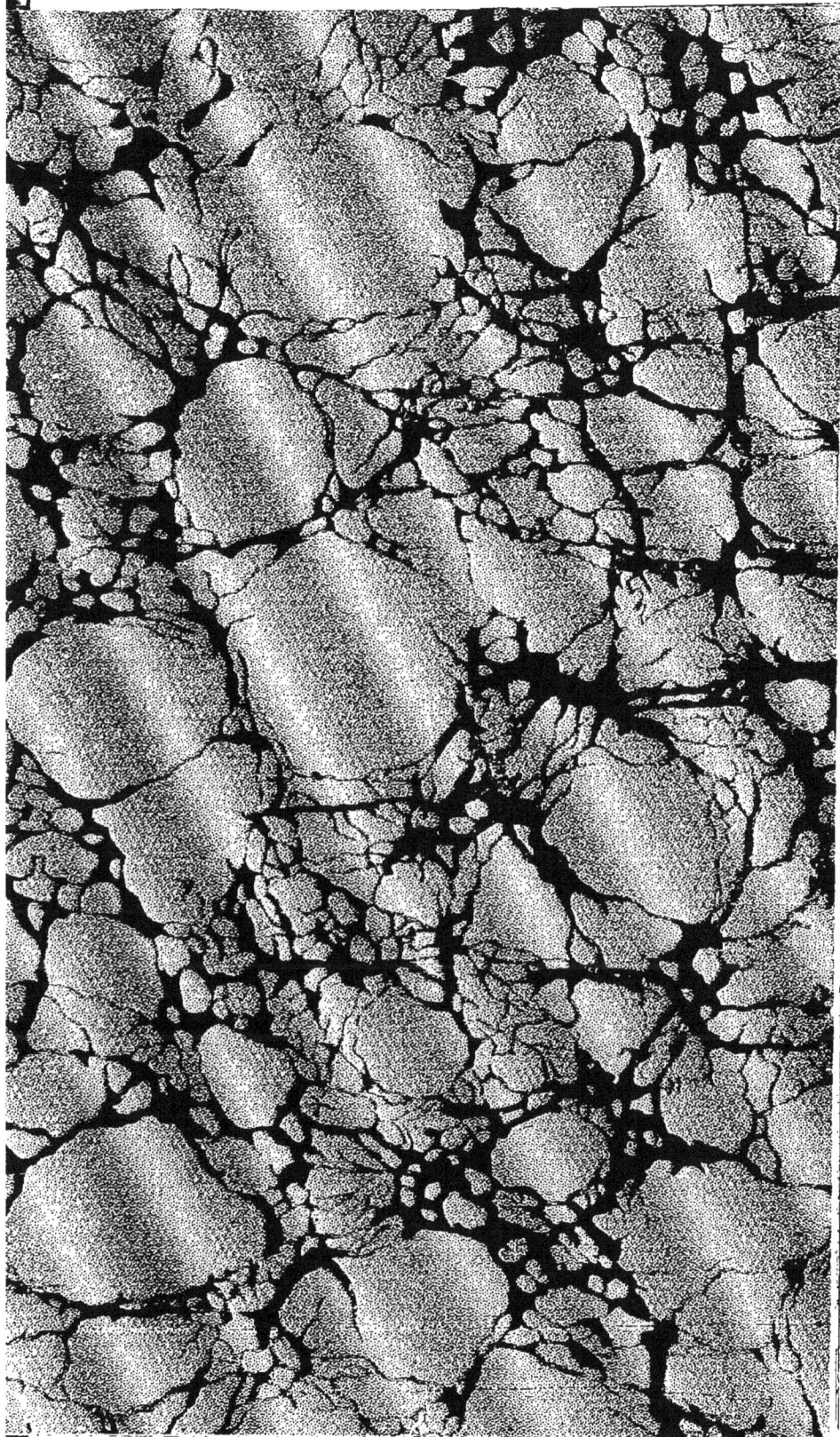

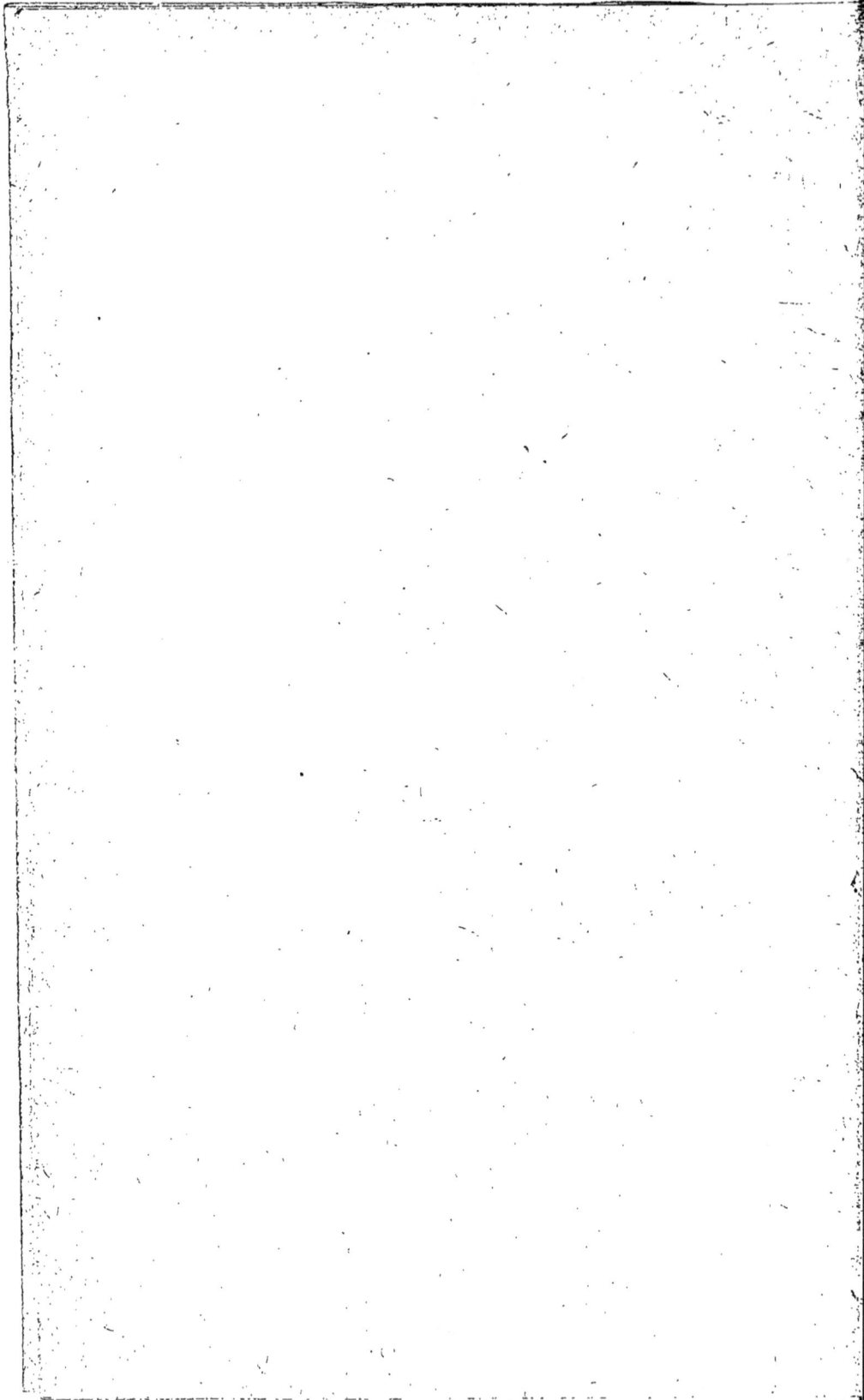

NOUVELLE ENCYCLOPÉDIE PRATIQUE

BÂTIMENT ET DE L'HABITATION

RÉDIGÉE PAR

René CHAMPLY, Ingénieur

avec le concours d'Architectes et d'Ingénieurs spécialistes

SEPTIÈME VOLUME

Menuiserie

Gymnases et Parquets

AVEC 206 FIGURES DANS LE TEXTE

PARIS

LIBRAIRIE GÉNÉRALE SCIENTIFIQUE ET INDUSTRIELLE

H. DESFORGES

29, QUAI DES GRANDS-AUGUSTINS, 29

Menuiserie

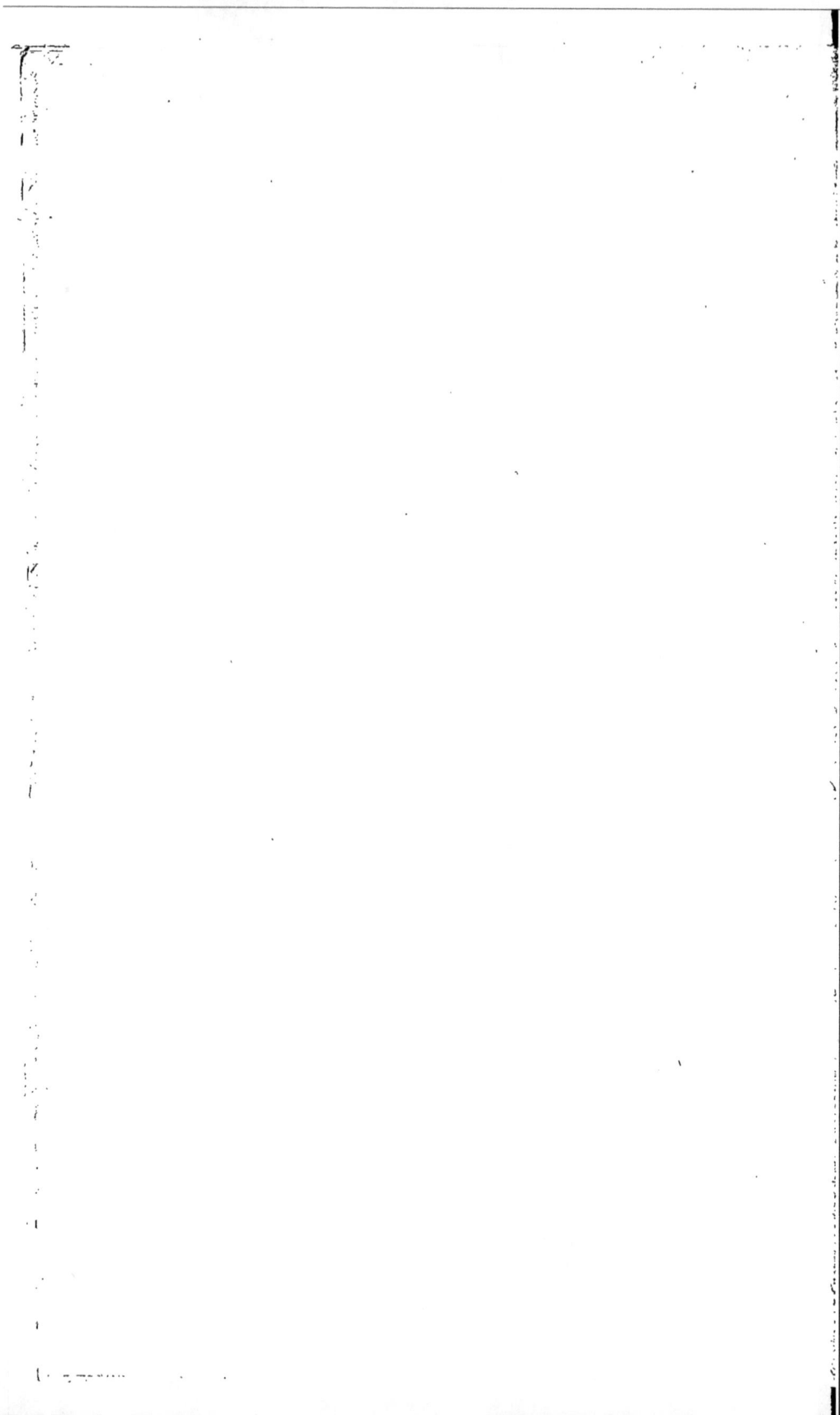

NOUVELLE ENCYCLOPÉDIE PRATIQUE

DU BATIMENT ET DE L'HABITATION

RÉDIGÉE PAR

René CHAMPLY, Ingénieur

avec le concours d'Architectes et d'Ingénieurs spécialistes

SEPTIÈME VOLUME

Menuiserie

Gymnases et Parquets

AVEC 206 FIGURES DANS LE TEXTE

PARIS

LIBRAIRIE GÉNÉRALE SCIENTIFIQUE ET INDUSTRIELLE

H. DESFORGES

29, QUAI DES GRANDS-AUGUSTINS, 29

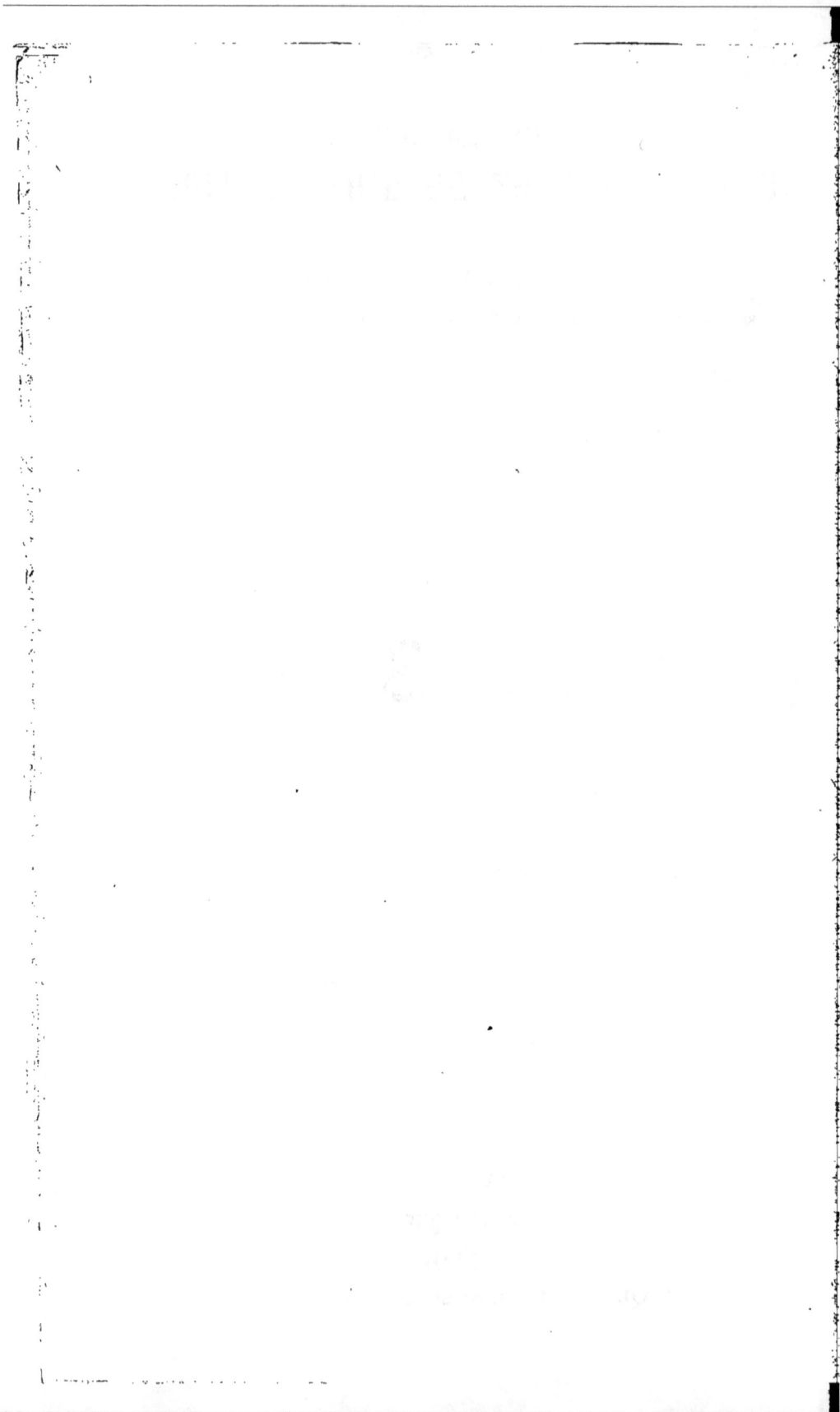

PRÉFACE

L'art de la Menuiserie est aussi vieux que le monde, mais les procédés de travail du Menuisier moderne sont bien différents de ceux de nos pères. Aujourd'hui, les scieries à vapeur nous livrent des bois débités à toutes les épaisseurs ; les bois sont dégauchis et rabotés mécaniquement, de sorte que le menuisier n'a plus qu'à leur donner un léger coup de rabot pour les polir finement.

La plupart des ateliers de menuiserie ont maintenant une scie à ruban et une raboteuse, mues par un moteur à gaz ou à pétrole. Les moulures, dont le travail manuel était long et pénible, sont faites à bon marché et en séries considérables par des usines spéciales. C'est pourquoi nous avons cru devoir consacrer un important chapitre aux machines-outils à travailler les bois de menuiserie.

Nous avons aussi donné dans ce volume quelques indications sur la construction des gymnases qui sont de plus en plus à la mode pour le développement des jeunes gens : le menuisier trouvera dans cette construction une bonne source de revenus.

R. CHAMPLY

Nouvelle Encyclopédie Pratique

DU BATIMENT ET DE L'HABITATION

CHAPITRE PREMIER

OUTILS DU MENUISIER

Figures.

1. — Etabli en hêtre avec presse à vis.
2. — Maillet en bois.
3. — Valet d'établi.
4. — Equerre.
5. — Fausse équerre ou *sauterelle*.
6. — Equerre à onglets.
7. — Trusquins à tracer.
8. — Pointe carrée pour percer les trous des vis.
9. — Mètre en buis.
10. — Varlope ou riflard en bois.
11. — Varlope ou riflard en acier.
12. — Rabot en bois.
13. — Rabot en acier.

Figures.

14. — Bouvet à faire les languettes.
15. — Bouvet à faire les rainures.

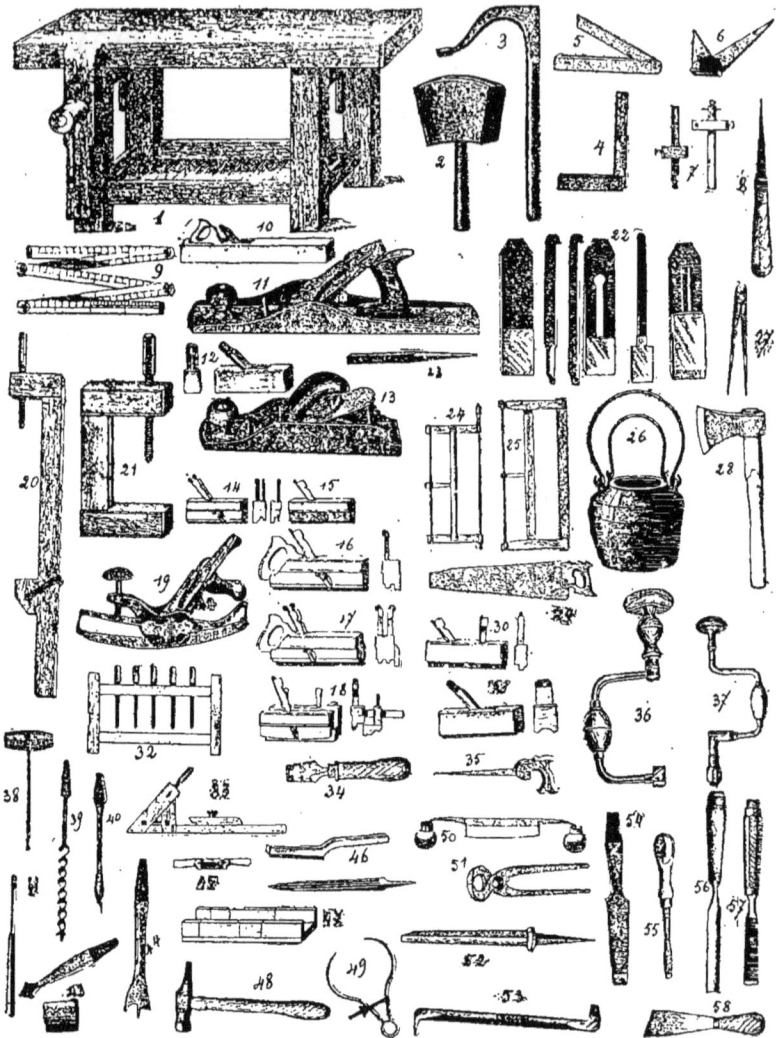

Fig. 1 à 58. — Les outils du menuisier.

16. — Guillaume à poignée pour rainures.
17. — Guillaume à poignée pour languettes.
18. — Bouvet pour moulures.

CHAPITRE II

***

ASSEMBLAGES — COLLES
CHOIX DES BOIS DE MENUISERIE

***

On divise comme suit les travaux de menuiserie :

1º *Menuiserie de bâtiments*, comprenant la menuiserie dormante, c'est-à-dire tous les ouvrages plaqués aux murs et voûtes, les plafonds et les planchers des édifices, de maisons particulières et les escaliers (1); et la menuiserie mobile dans laquelle on range tous les ouvrages destinés à clore à volonté les baies et issues pratiquées dans les murs des constructions telles que portes, fenêtres, etc.

2º *Menuiserie de meubles communs*, les meubles de luxe étant spécialement faits par les ébénistes.

3º *Menuiserie de voitures ou carrosserie.*

Nous n'étudierons dans ce volume que la menuiserie de bâtiments. La menuiserie de parquets sera traitée dans un autre volume ; quand à la menuiserie de luxe, elle ne rentre pas absolument dans l'étude de

***

(1) Les escaliers seront traités dans un volume spécial de cette encyclopédie.

l'habitation que nous nous sommes proposée dans cette petite encyclopédie.

Les menuisiers emploient des bois de diverses essences, qu'ils débitent et assemblent entre eux par des procédés analogues à ceux que nous avons décrits dans le quatrième volume de ce travail ; nous prions donc nos lecteurs de se reporter page 35 et suivantes de ce quatrième volume pour l'étude des assemblages du bois.

La menuiserie emploie principalement les assemblages à mi-bois (fig. 59), à queue d'aronde (fig. 60), à tenon et mortaise (fig. 61), à tenon et mortaise avec onglet (fig. 62), en sifflet (fig. 63), en sifflet avec

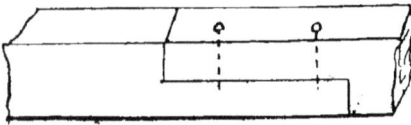

Fig. 59.

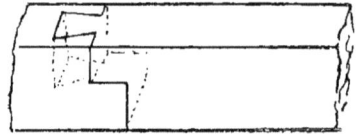

Fig. 60.

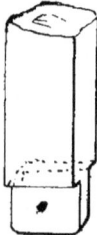
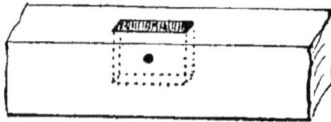

Fig 61.

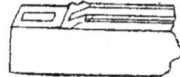

Fig. 62.

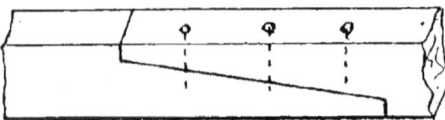

Fig. 64.

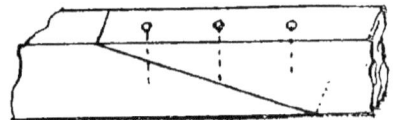

Fig. 63.

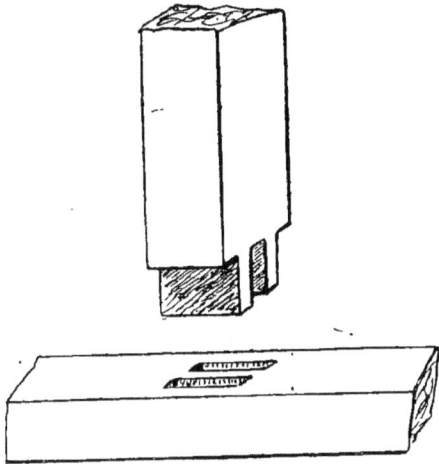

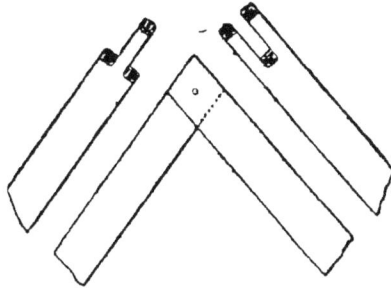

Fig. 65.   Fig. 66.

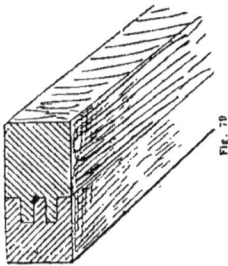

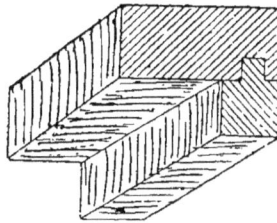

Fig. 67.   Fig. 68.

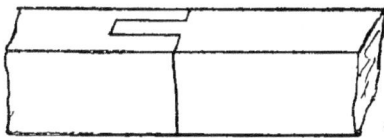

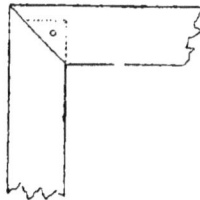

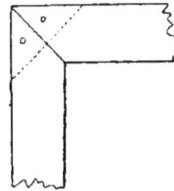

Fig. 69.   Fig. 70.   Fig. 71.

épaulement (fig. 64), à double ou triple tenons et
mortaises (fig. 65) à enfourchement (fig. 66), à rainures et languettes (fig. 67, 68 et 69), à onglet simple,

à onglet avec tenon et mortaise (fig. 70), à onglet avec clef de joint (fig. 71).

Cependant, les menuisiers emploient pour réunir les bois divers procédés qui ne sont pas du domaine de la charpente, tels sont les *clous* ou *pointes*, les vis à

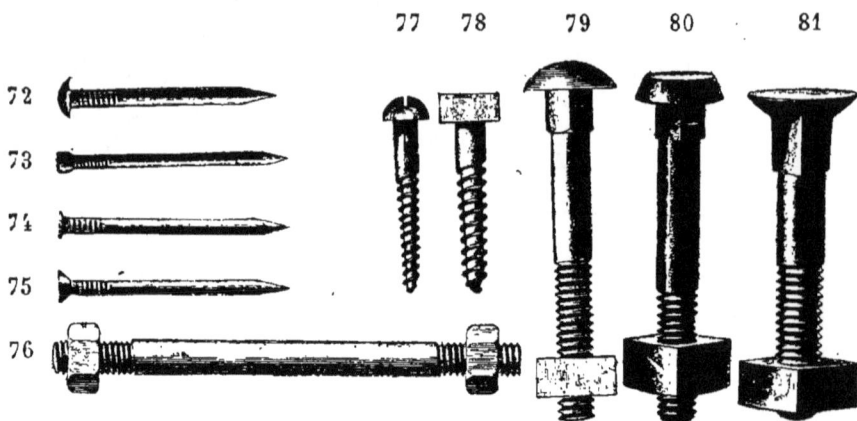

Fig. 72. — Clou tête ronde.
— 73. — Clou tête d'homme.
— 74. — Clou tête plate.
— 75. — Clou tête fraisée.
— 76. — Boulon d'escalier.
— 77. — Vis tête ronde.
— 78. — Vis tête carrée dite *tire-fond.*
— 79. — Boulon Japy.
— 80. — Boulon tête chanfrinée.
— 81. — Boulon tête fraisée.

Fig. 81 *bis.*

1. Vis tête fraisée.
2. Fausse vis.
3. Goujon en fer.
4. Clou sans tête pour petites moulures.

bois à tête ronde ou à tête fraisée, les boulons et tire-fonds, les colles pour le bois et les goujons en bois ou en fer qui sont de petites tiges que l'on enfonce entre deux planches à réunir bout à bout dans le sens du fil du bois comme le montre la fig. ci-dessous.

Fig. 82. — Boulon pour meuble avec rondelle.

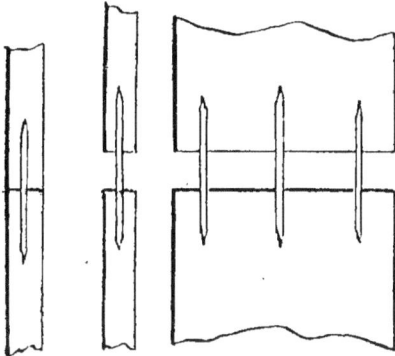

Fig. 83. — Assemblage par goujons.

Les goujons en fer se trouvent tout faits et dans toutes les grosseurs chez les quincailliers. Les goujons en bois sont généralement préparés par l'ouvrier soit avec du chêne, soit avec du bois fibreux tel que l'acacia ou le frêne.

On emploie avantageusement, pour préparer ces goujons, un petit outil appelé *filière à goujons*, et qui se compose simplement d'une sorte d'emporte-pièce en acier que l'on pose sur un des trous de l'établi ; il suffit alors de placer le morceau de bois grossièrement refendu sur la filière à goujons et de frapper dessus avec un maillet pour forcer le bois à passer dans le trou de la filière d'où il sort parfaitement rond et poli.

Fig. 84. — Fabrication des goujons en bois avec une filière.

On peut faire un assemblage goujonné et collé qui est très solide ; il faut en ce cas enfoncer un peu les goujons, puis étendre la colle et serrer rapidement les deux pièces l'une contre l'autre.

Colle des Menuisiers. — La colle des menuisiers se prépare avec de la colle forte en plaques brunes ou colle de Givet, qui est de la gélatine d'os desséchée.

Pour préparer la colle des menuisiers, cassez en petits morceaux les tablettes de gélatine et remplissez-en aux deux tiers une casserole en métal, ajoutez de l'eau pour couvrir complètement la gélatine et laissez celle-ci absorber l'eau pendant vingt-quatre heures. Videz alors toute l'eau et faites fondre la gélatine ainsi détrempée au bain-marie. Pour éclaircir cette colle-forte, si on le désire, il suffit d'y ajouter un peu d'eau chaude, lorsqu'elle est fondue.

On trouve dans le commerce des pots spéciaux en cuivre rouge pour préparer la colle de menuisier.

Ces pots ont l'avantage de constituer un bain-marie dont l'eau peut être maintenue en ébullition sans qu'elle soit projetée au dehors.

Pour qu'un collage fait à la colle forte soit solide, il est indispensable de presser fortement l'une contre l'autre les pièces à réunir avec des serre-joints, presses à vis ou *châssis à coller* (voir page 2).

La pression doit être maintenue pendant plusieurs heures, jusqu'à ce que la colle soit devenue très dure.

Quand il s'agit de faire des collages sur de grandes surfaces, on est obligé de chauffer les parties de bois à encoller de façon que la colle fondue puisse s'étaler également.

A cet effet, on se sert de plaques en tôle chauffées par un moyen quelconque appelées *tables chaudes* et sur lesquelles on place les bois à chauffer.

Dans la plupart des ateliers de menuiserie, on se borne à faire chauffer devant un feu clair les bois à encoller.

Colle forte liquide pour la Menuiserie. — On peut préparer une très bonne colle forte liquide qui acquiert à peu près la même dureté que la colle-forte fondue au bain-marie, de la façon suivante :

Préparez la colle forte comme il est dit ci-dessus mais en ajoutant à un kilog. de colle forte en plaques un litre d'eau. Lorsque cette colle est bien fondue au bain-marie, ajoutez par petites portions et en remuant constamment, 100 grammes d'acide nitrique. Cet acide a la propriété d'empêcher la colle de se solidifier après refroidissement.

Choix des bois de menuiserie. — « Pour faire de la belle et bonne menuiserie, dit Rondelet dans son *Traité sur l'Art de bâtir*, il faut des bois plus doux que

2

pour la charpente ; dont la texture soit plus fine, plus pleine et plus égale. Il faut choisir du bois bien sec, sans nœuds, ni aubier, ni autre défaut.

Ces bois doivent être bien corroyés, traités à vives arêtes et bien joints, avec les assemblages qui conviennent, savoir :

Les tenons et mortaises, les queues d'aronde, les onglets, à rainures et languettes, à clef et autres. »

Nous avons décrit dans le volume IV de cette *Encyclopédie* les principaux bois employés pour la charpente et nous avons indiqué leur poids au mètre cube, leur structure, la manière de les dessécher et de les débiter, leur conservation et leurs dimensions, nous n'y revi end ons pas ici.

Les principaux bois employés dans la menuiserie sont : le chêne que l'on choisit de préférence provenant des grandes forêts des Vosges, de la Hollande, d'Autriche et de Russie. Ces chênes sont des chênes *blancs*, dont le grain est plus fin, plus serré et plus régulier que celui des chênes de Champagne, de Bourgogne ou du Midi de la France.

Le sapin rouge de Suède est le plus dur et le meilleur ; on choisit spécialement les planches qui n'ont pas de nœuds.

Le tilleul, le hêtre, le peuplier blanc et le grisart ou grisaille de Hollande, qui sert surtout à faire des panneaux pour les portes légères ; le platane, le noyer, le châtaigner, l'érable, servent à faire des lambris, des encadrements et surtout des meubles. L'acajou est maintenant beaucoup employé pour la menuiserie de luxe, les devantures de magasins et les lambris d'appartements. C'est un bois qui est dur, qui ne travaille pas et se conserve bien.

Dans la menuiserie d'extérieur, pour les volets et les croisées, on emploie de préférence le chêne qui sert aussi à faire les encadrements des portes d'intérieur et les parquets. Cependant, dans les pays du Nord, on fait beaucoup de parquets en sapin rouge de Suède et de Norvège.

Les bois destinés à la menuiserie doivent être empilés dans un endroit sec et aéré pendant plusieurs années, afin qu'ils se dessèchent lentement.

Pour faciliter cette dessiccation régulière on empile les planches en les séparant par des lattes comme il a été dit à la page 14 du volume IV.

La menuiserie emploie beaucoup de bois flotté et desséché, qui a l'avantage de travailler moins que le bois dont le flottage n'a pas enlevé la sève.

CHAPITRE III

CLOISONS, LAMBRIS, GLACES

Cloisons et bardages en bois. — Les cloisons légères en carreaux de plâtre ou plâtras comportent diverses pièces de bois qui sont fabriquées et posées par le menuisier : ce sont :

1° Les *poteaux d'huisserie* comportant généralement un *linteau* ou *couverte* de la porte ou de la fenêtre qui doit recevoir l'*huisserie* ou *chambranle*. Les poteaux d'huisserie sont entaillés dans leur longueur d'une *feuillure* de l'épaisseur de la porte et, du côté de la cloison, ils sont *rainurés* pour recevoir et fixer le plâtre dont l'adhérence est augmentée par des *clous à bateaux* plantés dans le bois à l'endroit des joints des carreaux de plâtre.

2° Les poteaux de remplissage qui sont posés à 1 m. 50 au plus les uns des autres, et qui comportent des rainures pour le maintien du plâtre.

3° Les *traverses, coulisses* ou *entretoises* dont la nécessité se fait sentir pour le soutien de la cloison en *plâtras*.

Le menuisier pose ces divers poteaux et traverses
en les encastrant dans les planchers et en les clouant
sur les solives. Il doit avoir soin de mettre des étré-
sillons dans les huisseries afin que le gonflement du
plâtre ne fasse pas se courber les poteaux, ce qui em-
pêcherait la pose des portes. Quelquefois on se borne

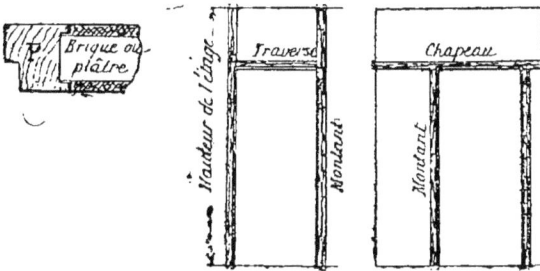

Fig. 84 *bis*. — Huisseries.
P. Coupe d'un poteau d'huisserie montrant la feuillure pour la porte et
la rainure qui reçoit le briquetage et les enduits.

à placer la porte dans son chambranle sans la ferrer,
ce qui maintient l'écartement des poteaux.

Les poteaux pour cloisons se font généralement en
bois 6 × 8 ou 8 × 8, l'épaisseur du carreau de plâtre
étant 6 centimètres, il reste de chaque côté un centimètre pour l'enduit qui vient affleurer les parements
des poteaux. Une cloison en carreaux de plâtre revient
à 5 francs le mètre carré.

Les cloisons ou bardages en bois s'établissent au
moyen de parquet rainuré ou en planches jointives
avec couvre-joints de 7 à 10 millimètres d'épaisseur
(voir figures 72, 73 et 74 du volume IV) ; pour les
cloisons séparatives des caves et des greniers ou magasins, on se borne généralement à clouer des planches verticales, jointives sans couvre-joints, sur trois
traverses : une au plancher, une au plafond et une
au milieu de la hauteur de la cloison. L'air qui cir-

cule entre les fentes de ces cloisons n'est pas inutile pour le bon état des caves dont il combat l'humidité.

Plinthes et stylobates. — Les *plinthes* et *stylobates* sont des planches clouées tout autour des murs et cloisons au ras du parquet pour empêcher les chocs des pieds, des balais ou des meubles contre l'enduit des murs.

Les plinthes ont 6 cm. 5 à 13 centimètres de hauteur et environ 1 centimètre d'épaisseur.

Les stylobates ont 17 à 22 centimètres de hauteur et 1 à 2 centimètres d'épaisseur.

Ces planches se clouent contre le mur, soit à même l'enduit, soit sur des tamponnages faits au préalable dans la pierre ou la brique.

Les plinthes et stylobates sont le plus souvent ornés d'une moulure à leur partie supérieure et peints à la couleur de la tapisserie ou des lambris.

Cimaises. — On nomme ainsi une large et épaisse moulure qui se pose à hauteur d'appui sur le mur ou cloison, soit comme couronnement d'un lambrissage, soit au-dessus d'une partie peinte du mur.

Lambris. — Les lambris sont les panneaux en bois sculpté, ciré, doré ou simplement en bois mouluré peint ou verni dont on recouvre les murs dans les appartements luxueux.

Les *lambris de hauteur* couvrent le mur de bas en haut ; ils ont en bas la *plinthe ou socle* et en haut une *corniche* qui les raccorde avec le plafond. Dans la plupart de ces lambris de hauteur, le soubassement fait une légère surépaisseur qui s'arrête à la *cimaise* posée à hauteur d'appui des fenêtres.

Les *lambris d'appui* ne montent que jusqu'à hau-

teur d'appui des fenêtres, ou un peu plus haut (0 m. 60
à 1 m. 60) ; ils ont en bas une plinthe et en haut la
cimaise ; au-dessus de ces lambris d'appui, on peint
le mur où bien on le recouvre de tapisserie.

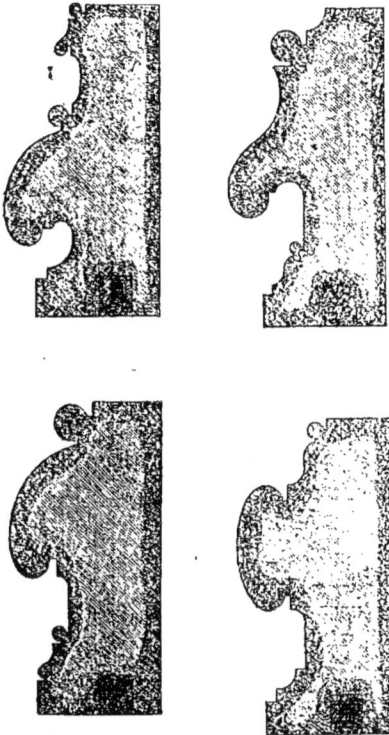

Fig. 85. — Moulures de cimaises et lambris.

La construction et la pose des lambris demandent
de grands soins si l'on veut éviter que le bois ne travaille en se gondolant ou en se rétractant après la
pose sur le mur.

Les lambris doivent être constitués par des cadres
ou compartiments assemblés à tenons et mortaises
et chevillés ; ces compartiments sont remplis par des
panneaux en planches minces de 0 m. 15 à 0 m. 22
de large et de 0 m. 013 à 0 m. 04 d'épaisseur, assem-

Fig. 86. — Panneau de mur avec plinthe, stylobate, lambris, cimaise
et chambranle de porte.

Fig. 86 *bis*. — Lambris d'appui.

blées à rainure et languette aussi bien entre elles qu'avec les montants et traverses du bâti ou cadre du lambris. Les assemblages des panneaux avec le bâti sont recouverts de moulures laissant un certain *élégi* qui empêche d'apercevoir le travail que peut subir le bois du panneau.

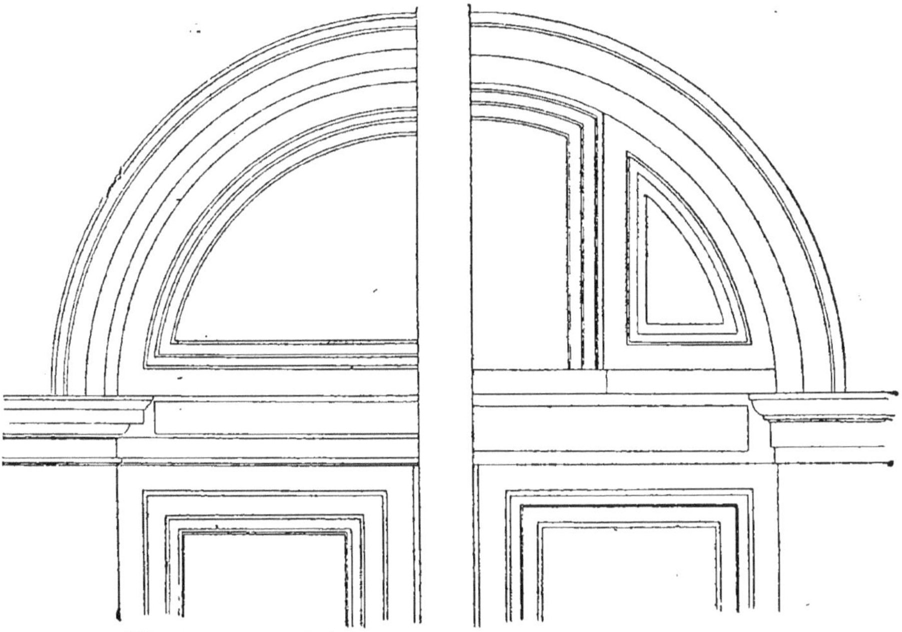

Fig. 87. — Lambris au dessus d'une porte avec corniche de chaque côté.

Les bâtis de lambris se font en feuillet de chêne et les panneaux en bois d'essences diverses, leur face de derrière peut rester brute de sciage ; leur face apparente reçoit quelquefois des sculptures d'une grande richesse. On ne doit poser les lambris que sur des murs bien secs et non recouverts d'enduit : il est, en effet, préférable pour la conservation des lambris que la pierre ou la brique soient apparentes et simplement rejointoyées. Si les murs sont sujets à l'humidité, il faut laisser entre le lambris et le parement du mur un petit vide de 2 à 6 centimètres et ménager, en bas et en haut du lambris, des petits trous pour que l'air circule entre le mur et le bois.

Pour empêcher le bois des lambris de subir l'humidité des murs, on peut employer l'un des procédés suivants :

A. — Coller, avec de la colle forte, une grosse toile derrière les panneaux.

B. — Peinture au goudron chaud ou application d'étoupe hachée trempée dans du goudron bouillant.

C. — Peindre à deux ou trois couches de peinture à l'huile de lin cuite.

D. — Interposer entre le mur et le lambris une feuille de carton bitumé, toile goudronnée, rubéroïd ou fibro-ciment.

Dans tous les cas, le lambris doit être isolé du mur et n'avoir aucun point de contact avec lui. A cet effet, on pose dans le mur des tampons en bois de chêne, taillés en queue d'aronde et scellés au plâtre, afin qu'ils ne puissent s'arracher ; on dresse ces tampons et on les arase tous au même plan et c'est sur eux que l'on cloue ou visse le lambris. Les têtes des clous ou vis doivent être noyées dans l'épaisseur du cadre du lambris et recouvertes ensuite d'une moulure ou d'un tampon en bois de fil ou simplement d'une couche de cire de la couleur du bois du lambris.

Les tampons faisant saillie sur le parement du mur donnent l'écartement désirable entre le mur et le lambris (fig. 88).

Les lambris sur cadres ou bâti sont aussi appelés *lambris assemblés.* Les lambris *non assemblés* sont constitués par des traverses en chêne clouées horizontalement contre le mur et sur lesquelles on cloue des planches verticales assemblées entre elles, à rainure et languette. On peut faire ainsi, avec du parquet de 0 m. 018 d'épaisseur, goudronné sur sa face interne, un lambris protecteur de l'humidité.

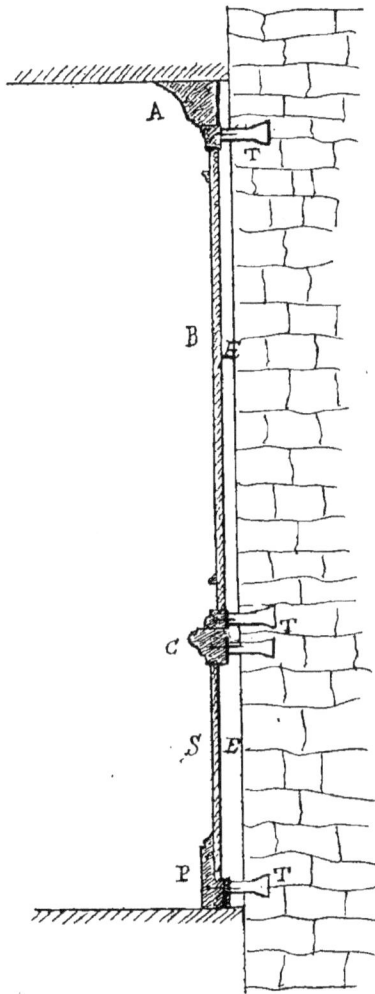

Fig. 88. — Pose des lambris : A Corniche. B Lambris. C Cimaise. S Soubassement. P Stylobate. E Espace entre le lambris et le mur. T Tampons en bois scellés dans le mur.

Les *faux-lambris* se font en posant sur l'enduit du mur des encadrements en moulures dans lesquels on fait des peintures imitant le bois.

Pose des glaces sur les murs. — Les glaces se posent sur un *parquet à glaces* qui est constitué comme un lambris, c'est-à-dire par un cadre à compartiments

Fig. 89. — Parquet à glace avec encadrement mouluré.

avec panneaux minces. Le parquet à glace doit être posé avec des vis dont les têtes sont entièrement noyées dans l'épaisseur du bâti en bois, de façon que les têtes de ces vis ne puissent pas venir toucher le *tain* ou *argenture* de la glace, qu'elles abîmeraient rapidement.

Il est très bon de laisser, entre le mur et le parquet à glace, 1 à 2 centimètres d'espace, afin d'éviter que l'humidité du mur ne tache la glace.

Les glaces de petites dimensions, encadrées, sont munies de leur parquet par l'encadreur ; on les pose sur des cales d'un centimètre d'épaisseur qui maintiennent leur écartement du mur et on les maintient avec des *happes* ou *pattes*, enfoncées dans la maçonnerie et attachées sur les côtés et le haut du cadre avec de petits clous.

Chambranles. — Les chambranles sont des encadrements en moulures, sculptés ou unis, qui bordent les embrasures des fenêtres et portes, ainsi que les cheminées ou baies. Le chambranle comporte deux pieds droits et une traverse au-dessus. Cette traverse est droite ou cintrée, suivant la forme de l'embrasure.

Quelquefois les chambranles présentent des *crossettes* ou ressauts à chaque angle et des feuillures pour la battée des portes ou fenêtres. Ils portent, soit sur un stylobate, soit directement sur le seuil ou appui de la fenêtre où ils sont *posés à cru*.

Les chambranles se raccordent aux lambris et aux ébrasements qui revêtent les *tableaux* des portes d'intérieur.

Dans la construction courante, le chambranle est une simple moulure clouée sur l'huisserie de la porte et faisant recouvrement sur l'enduit des murs et cloisons. Quand le chambranle est posé dans une embrasure en maçonnerie, il peut recevoir les paumelles ou charnières et les gâches des serrures des portes.

Les pièces composant le chambranle s'assemblent à onglet et à tenon et mortaise ou à enfourchement.

Corniches. — Les corniches en bois sont de grosses moulures qui se placent aux angles des murs et du plafond ou bien au-dessus d'un lambris, d'une cloison en bois ou d'une devanture de boutique. La corniche se pose avec des clous ou des vis dont la tête est noyée dans le bois, puis recouverte d'un tampon en bois de fil ou simplement de mastic ou cire de la couleur du bois.

CHAPITRE IV

PORTES EXTÉRIEURES ET INTÉRIEURES

Voici les dimensions habituellement usitées pour les largeurs des portes :

Portes extérieures

Porte charretière 3 m. à 4 m. de large.
— de remise 2 m. 50 à 3 m. —
— d'écurie 1 m. à 2 m. —
— cochère 2 m. 30 à 3 m. 20 —
— d'entrée d'immeuble à un vantail 0 m. 80 à 1 m. 20 de large.
— d'entrée d'immeuble à 2 vantaux 1 m. 20 à 2 m. 50 de large.
— de cave sur l'extérieur 0 m. 90 à 1 m. 50 de large.

Portes intérieures

Porte de cave 0 m. 65 à 1 m.
— de cuisine ou de service 0 m. 65 à 0 m. 80.
— de chambre à coucher à 1 vantail 0 m. 65 à 0 m. 80.
— — — à 2 vantaux 1 m. 30 à 1 m. 50

Porte de salon à 2 ou plusieurs vantaux se repliant les uns sur les autres 1 m. 35 à 6 mètres ou quelquefois toute la largeur de la pièce.

Les largeurs ci-dessus sont celles des passages libres entre les montants d'huisserie.

Hauteur des portes. — La hauteur de 2 mètres est un minimum qu'il ne faut pas adopter autant que possible ; une petite porte à un vantail doit avoir de 2 m. 10 à 2 m. 20 sous la traverse de couverture.

La hauteur d'une porte n'est du reste limitée que par la hauteur des pièces dans lesquelles elle donne accès ; les portes cochères ont jusqu'à 5 mètres de hauteur.

Sens d'ouverture des portes. — Les portes cochères, portes d'entrée ou portes intérieures, s'ouvrent généralement vers l'intérieur de la construction ou des pièces, ce qui a l'avantage, dans le cas de portes extérieures, de ne pas exposer la porte à recevoir la pluie quand on l'ouvre.

Dans le cas où les pièces sont très petites, on fait ouvrir les portes sur le couloir ou sur l'escalier, afin de gagner de la place. Dans les portes à deux vantaux, le vantail que l'on ouvre habituellement est toujours placé sur la droite en entrant dans la pièce.

Dans les théâtres, dans les ateliers, et généralement dans tous les endroits où se réunissent de nombreuses personnes, il y a un intérêt primordial à faire ouvrir toutes les portes des pièces vers l'extérieur, contrairement à ce qui vient d'être dit ci-dessus. En effet, le dégagement d'une pièce occupée par une nombreuse assistance se fait beaucoup plus rapidement avec des portes ouvrant vers l'extérieur et, spécialement en cas de panique ou d'incendie, il est de toute urgence de pouvoir évacuer les salles par des portes ouvrant vers l'extérieur. On a vu, dans des cas semblables, une véritable hécatombe humaine se produire derrière des portes qui ouvraient vers l'intérieur et contre lesquelles les personnes se sont entassées en cherchant à fuir et en empêchant complètement toute tentative d'ouverture de la porte.

Les architectes ne sauraient trop méditer ces lignes lorsqu'ils construisent des édifices destinés à recevoir un nombreux public.

Portes battantes. — Dans ces édifices, on peut aussi avantageusement employer les portes s'ouvrant à volonté vers l'extérieur ou vers l'intérieur et qui sont montées sur des charnières spéciales dont nous reparlerons dans le volume consacré à la serrurerie.

Portes roulantes. — Ces portes sont très avantageuses, parce qu'elles n'occupent aucune place sur les passages de dégagement lorsqu'on les ouvre. On les emploie généralement aujourd'hui pour les ateliers et les remises. Elles permettent aussi de couvrir les baies de très grande ouverture sans nécessiter de gonds et de scellements d'une solidité exceptionnelle, comme le font les portes à vantaux très larges.

Les portes roulantes se font dans ce dernier cas en plusieurs panneaux se logeant les uns contre les autres le long du mur ou dans l'épaisseur du mur ; ces panneaux roulent sur des rails parallèles les uns aux autres.

Il y a un rail sur le plancher et un rail au-dessus de la porte ; le rail sur le plancher est posé dans l'épaisseur dudit plancher, de façon à affleurer ce dernier. Quelquefois le rail sur le plancher ne sert que de guide,

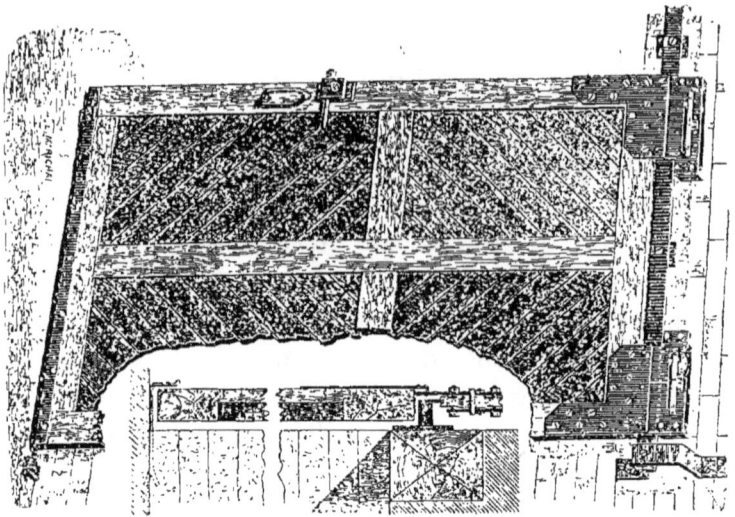

Fig. 90. — Porte roulante devant un mur extérieur.

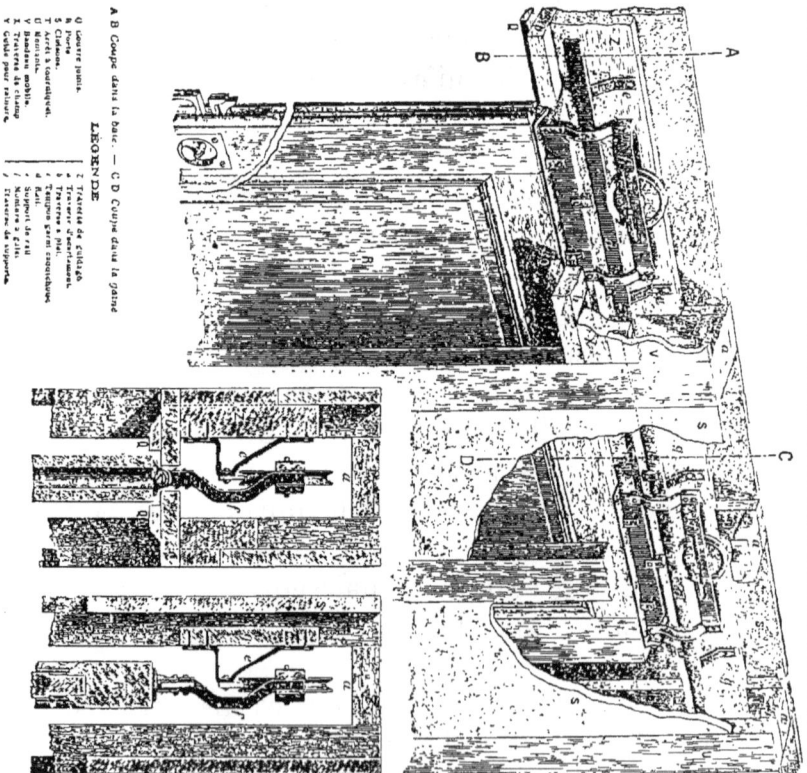

A B Coupe dans la baie. — C D Coupe dans la gaine

LÉGENDE

Q Lanternon jumbia.
R Porte.
S Châssons.
T Arrêt à tourniquet.
U Mentonie.
V Bandeau mobile.
X Traverse de change.
Y Galde pour releurs.

Z Traverse de guidage.
a Traverse d'enchâssement.
b Traverse à plat.
c Tampon garni caoutchouc.
d Rail.
e Support de rail.
f Moisieus à galet.
g Traverse de support.

Fig. 91. — Porte roulante entrant dans l'épaisseur du mur
ou entre deux cloisons.

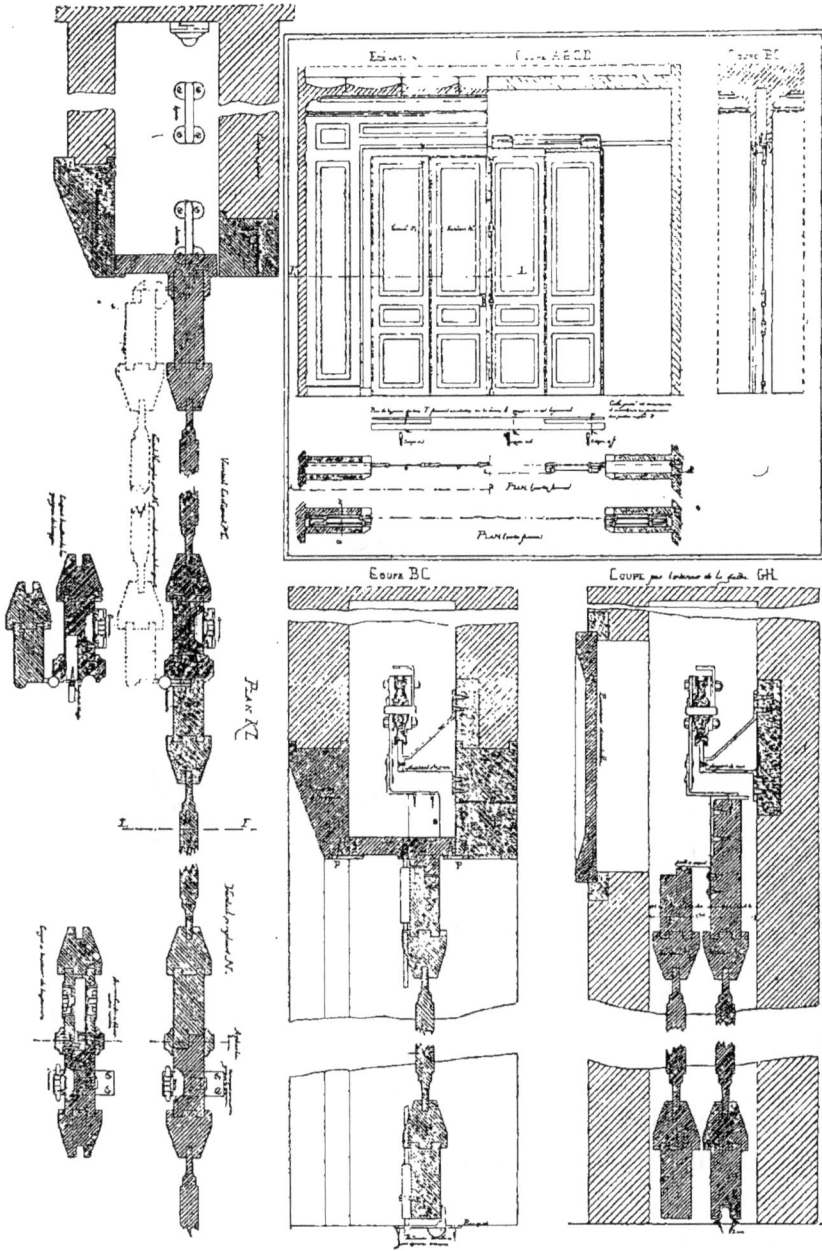

Fig. 92. — Portes roulantes pour grandes baies intérieures
(détails de construction)

la porte n'ayant pas de galets en bas. La figure 90 montre une porte roulante n'ayant pas de rail inférieur, mais seulement des arrêts formés d'équerres en fer scellés dans le mur. La figure 91 montre les détails de montage des galets et du rail supérieur. La figure 92 est le plan d'exécution d'une porte pour grandes baies : l'un des vantaux se replie à charnières sur le vantail

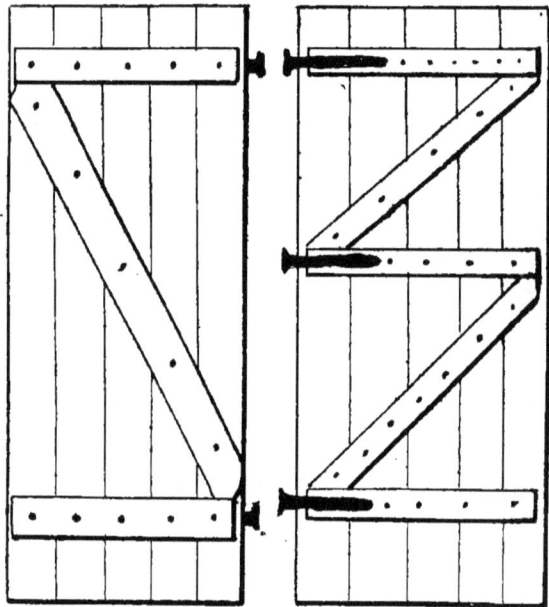

Fig. 93 et 94. — Portes de caves.

roulant et les deux vantaux roulent dans l'épaisseur du mur.

Les **wagons** du Métropolitain de Paris ont des portes roulantes à deux vantaux qui s'ouvrent solidairement, c'est-à-dire qu'il suffit d'agir sur un des vantaux pour que les deux vantaux s'ouvrent en se logeant chacun d'un côté dans l'épaisseur des parois du wagon. Ce mouvement simultané des deux vantaux est obtenu par un système de chaînes et galets analogue au dispositif bien connu des cordons de tirage des grands rideaux des fenêtres d'appartement.

Construction des portes. — *Portes des caves et greniers.* — Ces portes se font en planches de chêne, de hêtre ou de sapin de 25 à 30 millimètres d'épaisseur, clouées ou vissées sur des traverses en chêne de 8 centimètres de largeur sur 4 ou 5 centimètres d'é-

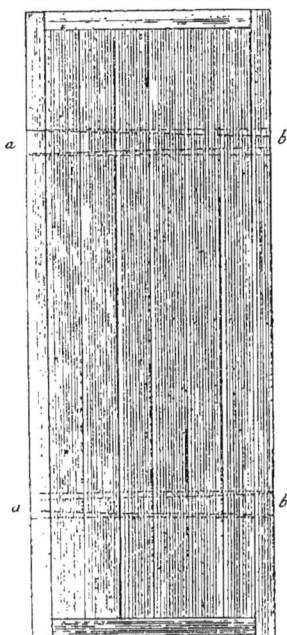  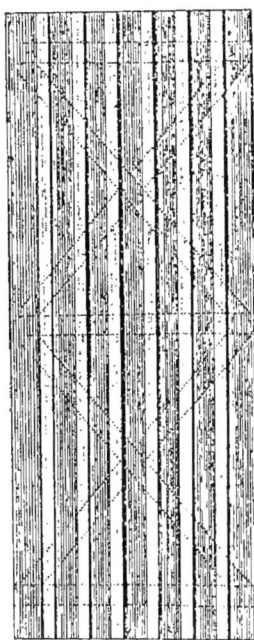

Fig. 95.   Fig. 96.   Fig. 97.

paisseur. On met une ou deux traverses obliques formant *écharpes* comme le montrent les figures 93 à 97, afin de maintenir la forme rectangulaire de la porte.

Pour les portes de caves, on espace les planches de un demi ou un centimètre, ce qui leur permet de se dilater sous l'influence de l'humidité et assure aussi l'aération de la cave (fig. 95).

Les figures ci-dessus, 96 et 97, montrent la manière d'assembler les portes de caves et greniers, au moyen de traverses entaillées à *queue d'aronde* dans l'épaisseur des planches. Ces deux traverses opposées sont un peu inclinées l'une sur l'autre, ce qui empêche le glissement des planches ainsi assemblées.

Les portes rustiques ci-dessus sont ferrées sur des *pentures* en fer avec des gonds scellés dans les murs ou vissés sur un bâti formant chambranle, qui est fixé lui-même aux murs par des pattes à scellement. On emploie aussi des *gonds à pointe* qui sont enfoncés dans l'épaisseur du bâti ou chambranle. La fermeture est à cadenas ou à serrure.

Portes et clôtures à claire-voie. (Voir volume IV, page 49). — Elles sont composées d'un cadre assemblé à tenons et mortaises avec une écharpe ou croix de Saint-André maintenant le cadre d'équerre. Souvent, on renforce ce cadre aux angles par des équerres en fer ou des pentures formant équerre et charnière. Les barreaux de la claire-voie sont cloués, vissés ou boulonnés sur ce cadre. On fait aussi des portes ou clôtures à claire-voie au moyen de deux traverses horizontales dans lesquelles sont pratiquées des mortaises carrées ou rectangulaires traversant les traverses de part en part. Les barreaux en bois sont carrés ou rectangulaires et enfilés dans lesdites mortaises où ils sont maintenus par de petites chevilles ou par un clou passé au travers de la traverse.

La figure 98 montre ce dispositif qui donne des portes à claire-voie imitant les grilles en fer. On maintient aussi l'équerrage des portes à claire-voie avec des tirants en fer plus élégants que les écharpes en bois.

Portes pour ateliers, remises, écuries, etc. — On fait

ces portes avec un encadrement en chêne qui peut comporter une ou deux traverses horizontales et des écharpes ou croix de Saint-André, selon qu'il est nécessaire suivant la grandeur de la porte. Ledit cadre en chêne est assemblé à tenons et mortaises et renforcé aux angles par des équerres en fer et des pentures à équerre ; ces ferrures sont encastrées dans

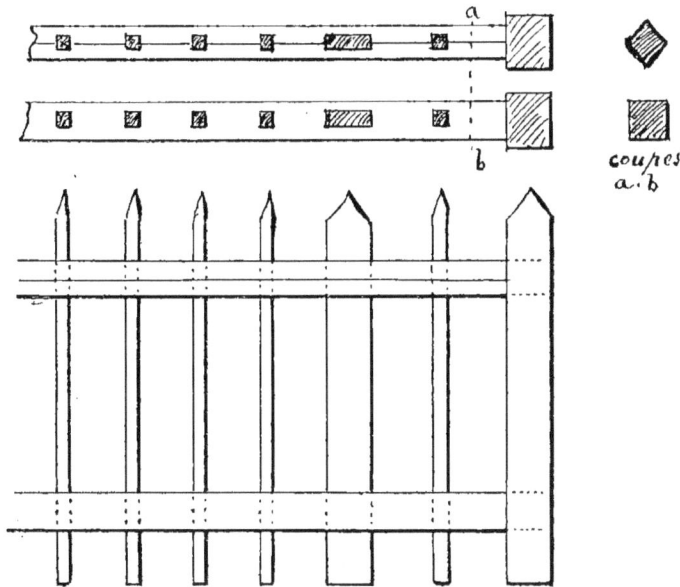

Fig. 98.

le bois et fixées par des vis à tête fraisée, de façon qu'elles ne sont pas apparentes après que la porte est peinte. Les panneaux sont assemblés dans les cadres du bâti à rainures et languettes ; on les fait en chêne, hêtre ou sapin. Quelquefois, on fait une petite moulure à l'endroit des joints des planches composant les panneaux ; ces planches doivent alors être toutes de même largeur ; ce dispositif a pour avantage de dissimuler les fentes qui se produisent aux joints si le bois travaille ultérieurement.

Les portes des remises, écuries, granges, etc., sont à un ou deux vantaux.

Les portes d'écurie ont 1 m. 20, au moins, de largeur.

Les portes de remises ont 2 m. 50 à 3 mètres de largeur.

Les bâtis de la porte sont faits en chêne de 0 m. 041 à 0 m. 050 d'épaisseur ; le dormant ou chambranle a 0 m. 07 ou 0 m. 08 d'épaisseur ; les panneaux 0 m. 025 à 0 m. 03 d'épaisseur.

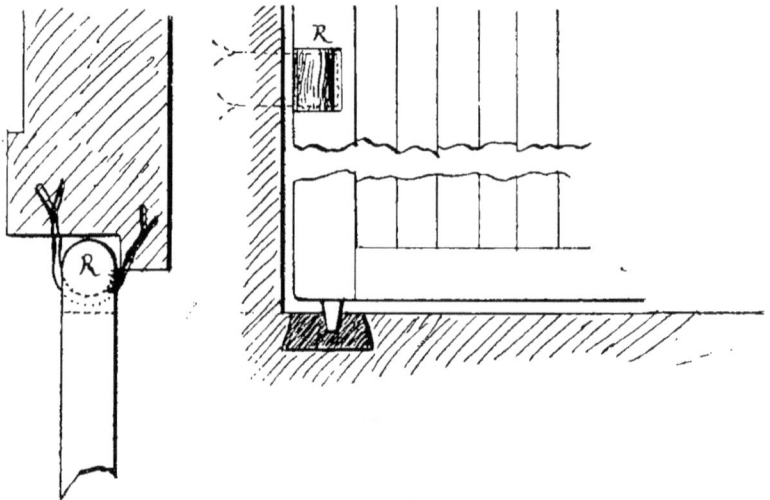

Fig. 99.

Pour les lourdes portes de grande ouverture, on fait tourner la porte sur des pivots engagés dans des crapaudines scellées dans le seuil et dans le linteau qui recouvre la porte. On emploie aussi des colliers en fer dans lesquels tourne le montant de la porte, mortaisé comme le montre la fig. 99 ; ces colliers en fer sont solidement scellés dans la feuillure des murs. Quand on adopte ce dispositif, le montant de la porte formant gond doit être renforcé en conséquence du travail qu'il subit.

Dans les portes à bâti formant cadre et panneaux encastrés dans les rainures du cadre on nomme *battants de rive* les montants verticaux portant les charnières ; *battants meneaux* les montants verticaux du côté de la serrure. Les traverses se nomment *haute*, *basse* et *intermédiaire*, selon leur position. La construction de ces portes comporte des écharpes et des croix de Saint-André, lorsque leur dimension ou leur poids nécessite ces renforcements.

Dans l'assemblage des montants et traverses de ces portes il faut laisser un peu de jeu entre les bouts des tenons et le fond des mortaises afin de permettre

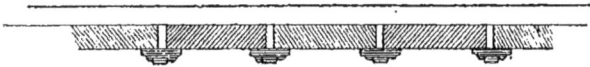

Fig. 100. — Couvre-joints.

le retrait du bois ; ce jeu de quelques 3 à 4 millimètres se nomme *refuite*. On élargit aussi un peu les trous des chevilles dans les tenons.

On fait aussi des portes pleines en assemblant les planches des panneaux avec joints plats et en recouvrant ces joints par des baguettes ou *couvre-joints* comme le montre la figure 100.

Un autre système de construction des portes pleines consiste à assembler des planches verticales à rainure et languette, collées ou à clefs ; en haut et en bas de la porte on pose une *traverse d'emboîture* horizontale, assemblée aussi à rainure et languette sur le panneau de la porte (fig. 101). Ce procédé n'est applicable qu'aux portes légères (placards et intérieurs).

Enfin, on fait des portes pleines à double épaisseur composées d'un solide bâti avec écharpes sur

lequel on cloue de chaque côté un parement en planches minces assemblées à rainure et languette. Dans ce
genre de construction, il est bon de croiser le fil des
planches des deux parements, c'est-à-dire que l'un
des parements sera fait, par exemple, en planches
vesticales ou obliques et l'autre en planches horizontales. On fait les battants et les deux traverses

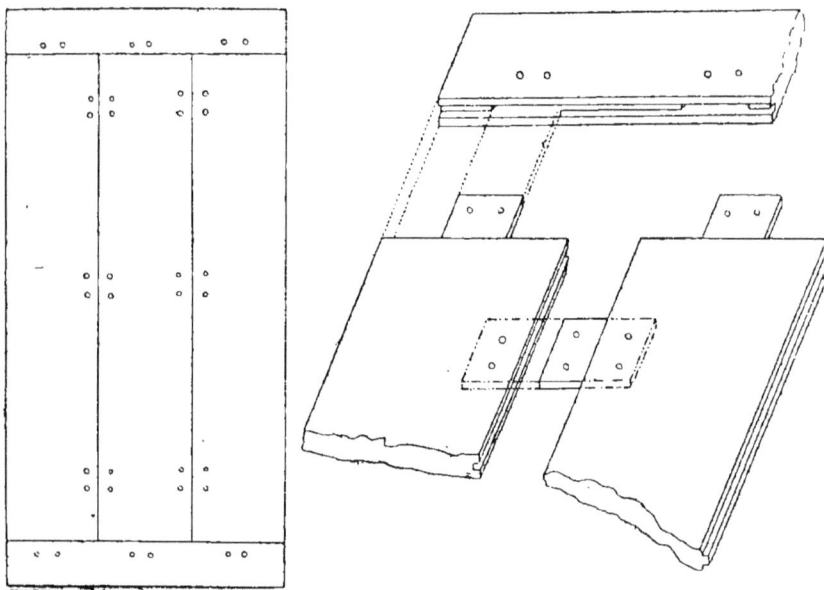

Fig. 101. — Assemblage à clefs, rainures et languettes.

haut et bas en bois plus épais que les écharpes et on y
pratique tout autour une feuillure formant des
cadres, dans lesquels viennent se poser les parements
en planches qui sont cloués dans les feuillures des
cadres et sur les écharpes.

Portes à cadres et panneaux. — Ce sont les portes
formées d'un solide *cadre* ou *bâti* dans lequel sont
insérés plusieurs *panneaux* en bois d'épaisseur moindre que le bâti. Quand la moulure du cadre fait saillie

sur le bâti, on dit que la porte est à *grand cadre* ; les
moulures sont alors généralement prises dans du bois

Fig. 102. — Portes assemblées sur cadres maintenues par
des croix de Saint-André.

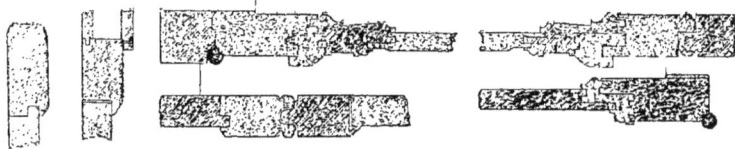

Fig. 103. — Assemblages et fermetures de portes
à grand cadre.

plus épais que le bâti et sont rapportées sur celui-ci
à doubles rainures et languettes. Les pièces composant le bâti, montants ou battants de rive, battants

meneaux et traverses sont assemblées à tenons et

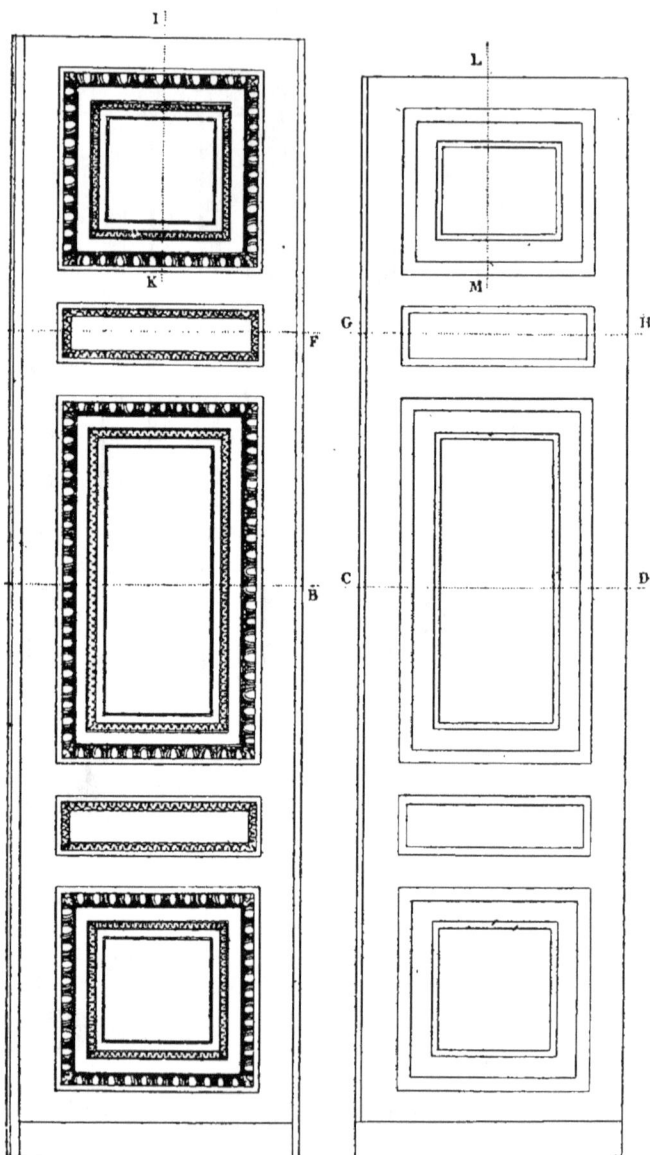

Fig. 104.
Porte à grands cadres sculptés.

Fig. 105.
Porte à petits cadres.

mortaises, collées ensemble, chevillées et collées avec

les moulures du cadre : ces dernières reçoivent les panneaux dans une rainure (voir fig. 62 et 121).

On fait le plus souvent les portes à cadres et pan-

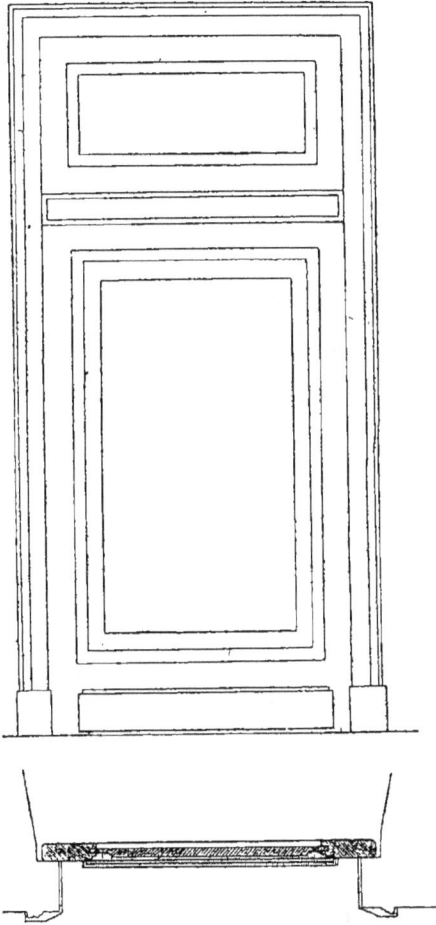

Fig. 106. — Porte à un seul vantail avec panneaux
à plate-bande.

neaux avec deux ou trois panneaux dans la hauteur, ce qui donne deux traverses au milieu de la porte. Dans les portes vitrées, on ne vitre que le panneau du haut. Quelquefois on fait plusieurs panneaux dans la largeur du vantail de la porte.

Quand la moulure du cadre est prise dans l'épaisseur même du bâti, on dit que la porte est à *petit cadre*. C'est le cas de la plupart des portes légères et d'intérieur ainsi que des portes vitrées.

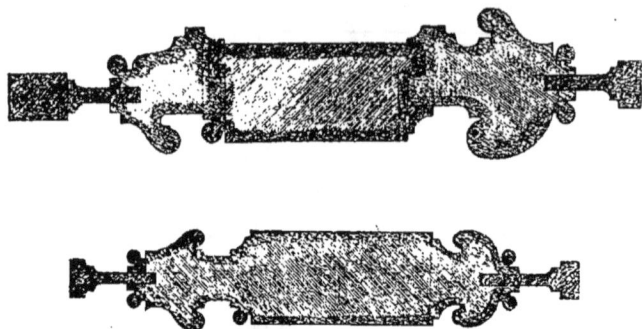

Fig. 107 et 108. — Panneaux et cadres moulurés pour portes riches.

Panneaux. — Les panneaux sont appelés *arasés*, sur une ou deux faces, lorsqu'ils affleurent le bâti de la porte sur une ou deux faces : en ce dernier cas, ils ont évidemment l'épaisseur même du bâti. Les pan-

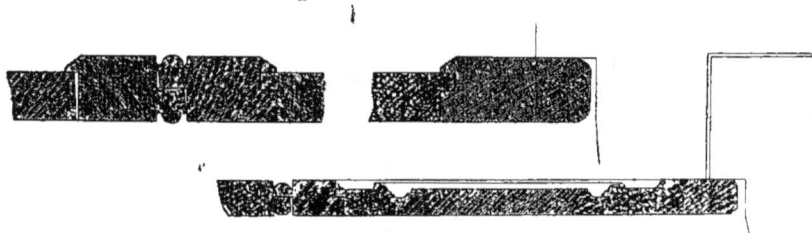

Fig. 109. — Panneau à glace.
Fig. 110. — Panneau arasé d'une face et à plates-bandes
sur l'autre face.

neaux arasés ne s'emploient que dans les portes *sous tenture*.

Les *panneaux à glace* sont ceux qui ont une épaisseur uniforme dans toute leur surface.

Les *panneaux à plates-bandes* sont plus épais au milieu que sur les bords ; il y a ainsi au centre du panneau une *table saillante* entourée d'une *plate-bande* de 4 ou 5 centimètres de largeur et qui est le plus souvent réduite à l'épaisseur de la languette qui entre dans les rainures du bâti ou du cadre.

On décore quelquefois la table saillante de moulures

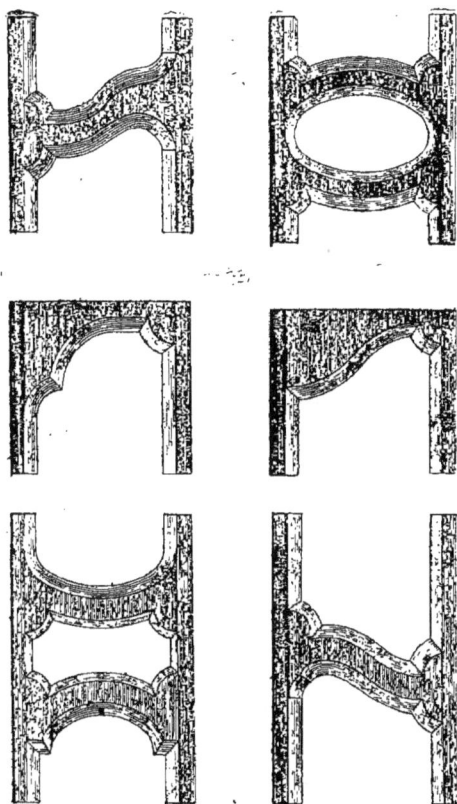

Fig. 111. — Décorations de panneaux de portes.

ou sculptures imitant des plis de parchemins ou d'étoffes. On a ainsi des panneaux à *parchemin plissé* ou à *serviettes*.

Les panneaux des portes riches sont susceptibles de recevoir toute décoration soit en moulures ou sculptures rapportées ou prises dans l'épaisseur même du panneau (fig. 104, 107 et 108).

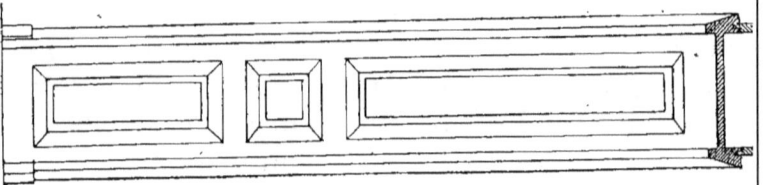

Fig. 112.
Embrasure lambrissée.

Fig. 113.
Porte à deux battants pour intérieur.

Fig. 114
Huisserie
et chambranles.

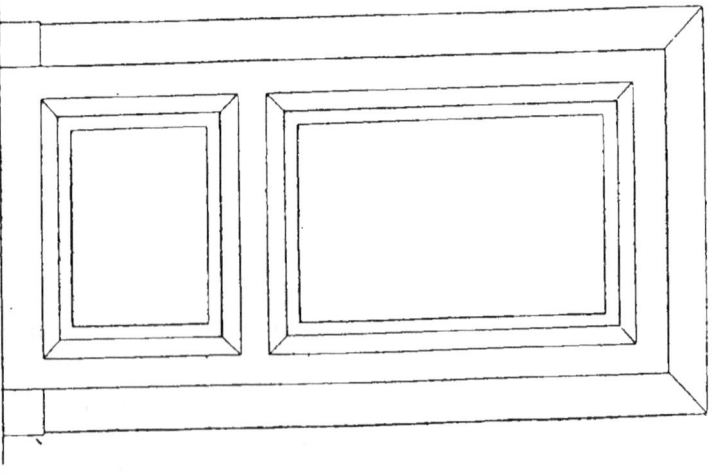

Fig. 115.
Porte à un seul battant pour
appartements.

Fig. 116.
Porte à trois panneaux avec
soubassement.

Fig. 117.
Porte dans un lambris.

Dans l'assemblage des panneaux avec les cadres des portes, il faut que les rainures des cadres soient un peu plus profondes que les languettes des panneaux qui y pénètrent. Cette *refuite* ou jeu permet le travail

Fig. 118

du bois sans que le panneau risque de se gondoler ou de faire ouvrir les joints du cadre (fig. 118.)

Portes d'appartement. — Ce sont généralement des portes à petits cadres et à deux parements, à un ou

Fig. 119. — Imposte au-dessus d'une porte à deux battants.

deux vantaux. Elles ouvrent à feuillure mais dans les passages de couloirs, cuisines, bureaux, magasins et communs, on fait aussi des portes battantes, ouvrant des deux côtés.

La hauteur des portes d'appartement est de 2 m. 20 à 2 m. 50 selon la hauteur des plafonds.

La largeur des portes d'appartement est de 0 m. 65 à 0 m. 80 pour les portes à un vantail, et de 1 mètre

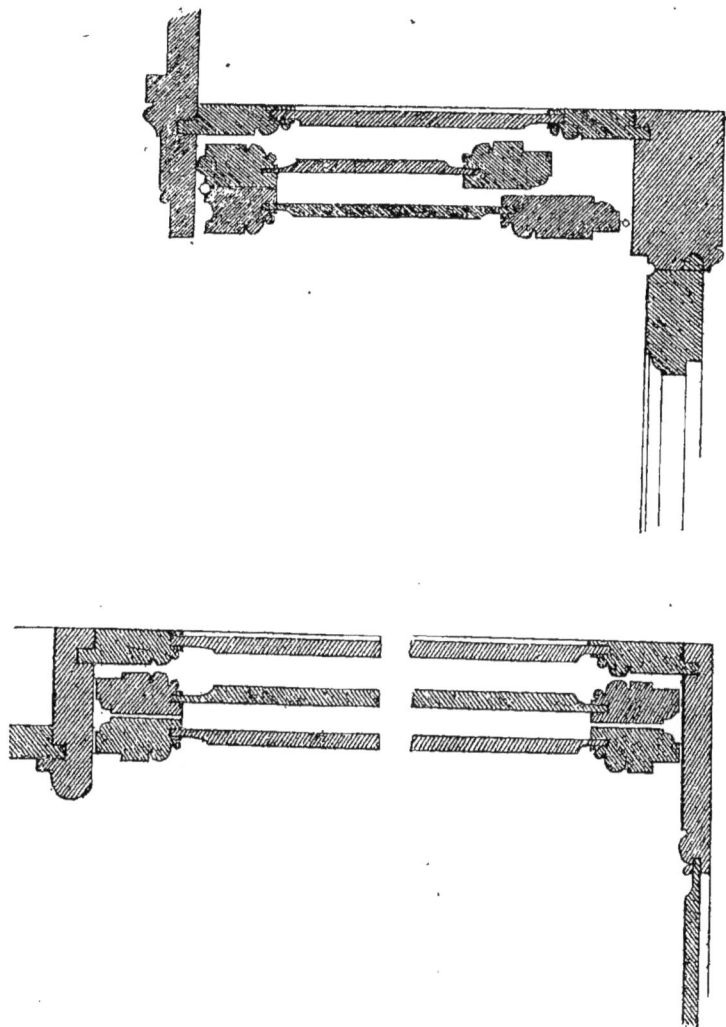

Fig. 120. — Portes se repliant les unes sur les autres dans une embrasure.

à 1 m. 50 pour celles à deux vantaux. Pour la ferme-ture des grandes baies on fait des portes à quatre, six ou huit vantaux assemblés à charnières et se

repliant les uns sur les autres ; on munit les ven-
taux de ces portes de galets en dessous qui roulent
sur le parquet en évitant un travail excessif des charnières (fig. 120).

Quelquefois on les surmonte d'impostes vitrées
pour éclairer des couloirs. On fait aussi des portes
d'intérieur vitrées pour éclairer les antichambres et
couloirs.

On emploie fréquemment pour ces fermetures de
baies des portes roulantes en plusieurs panneaux se
repliant les uns sur les autres dans l'épaisseur des
cloisons ou des murs (fig. 92).

Les portes d'intérieur se font en bois de 0 m. 030 à
0 m. 045 d'épaisseur suivant la hauteur des portes
entre 2 m. 20 et 5 mètres de hauteur.

Les *impostes* ou parties fixés au-dessus des portes
se construisent à cadre et panneaux comme les
portes (fig. 119).

Portes sous tenture. — Les portes sous tenture sont
des portes à cadres et panneaux, ceux-ci étant *arasés*
avec le cadre du côté ou sur les côtés qui doivent
être recouverts de peinture, de papier ou d'étoffe. On
peut aussi construire ces portes avec des planches
assemblées haut et bas par des *traverses d'emboîture*.

Pour que le travail du bois ne déchire pas le papier
qui y serait collé, on cloue sur toute la surface de la
porte une forte toile de chanvre sur laquelle on colle
le papier. Le recouvrement de la porte sur l'huisserie
se fait quelquefois avec une mince lame de feuillard
ou de zinc clouée sur le bord ouvrant de la porte et
recouverte de papier collé sur le métal. On arrive
ainsi à dissimuler à peu près totalement la porte dans
l'ensemble de la tapisserie de la muraille.

Portes persiennes. — Se construisent comme les persiennes dont il sera question plus loin; on emploie seulement des bois plus épais et plus larges pour le bâti de ces portes que pour les persiennes des fenêtres, en raison du poids plus grand de l'ouvrage.

Les battants et les traverses haut et bas ont 0 m. 15 à 0 m. 20 de largeur et 0 m. 05 à 0 m. 08 d'épaisseur, les montants et traverses intermédiaires ont 0 m. 10 à 0 m. 15 de largeur et même épaisseur que le cadre ; les planchettes des lames de persiennes ont 0 m. 08 à 0 m. 10 de largeur sur 0 m. 025 à 0 m. 03 d'épaisseur et se recouvrent d'environ 1 à 2 centimètres.

Portes extérieures des maisons d'habitation et de rapport. — Ce sont les *portes charretières* ou *portes cochères* à deux vantaux, assez larges et hautes pour donner passage aux attelages et les *portes bâtardes* ou *portes d'entrée* à un ou deux vantaux qui ne servent qu'au passage des personnes.

Les *portes cochères* peuvent

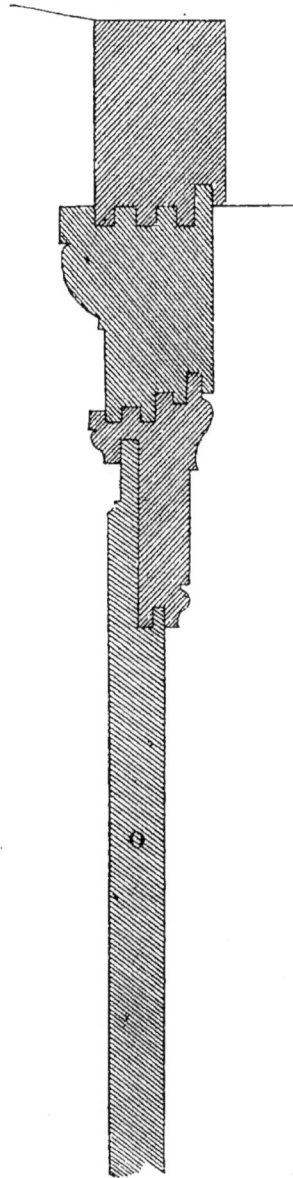

Fig. 121. — Assemblage des divers éléments d'une porte cochère à grands cadres et panneau O.

être construites à grand cadre et écharpes, comme

il est dit ci-dessus pour les portes pleines (fig. 122), mais, dans la construction de luxe, on les fait à cadre et à panneaux (fig. 121). Le gros bâti est en membrure de chêne de 0 m. 10 à 0 m. 12 d'épaisseur lorsque la hauteur des vantaux ouvrants n'excède pas 4 m. 90. Au-dessus de cette hauteur, on fait le gros bâti en 0 m. 16 d'épaisseur. La largeur des battants de rive est de deux à trois fois leur épais-

Fig. 122. — Porte cochère avec guichet B.

seur; les battants du milieu ont une fois et demi à deux fois cette épaisseur. Les traverses du haut et du milieu ont même épaisseur que les battants et même largeur du champ et de moulures. Les traverses du bas se font généralement plus épaisses que les battants, de façon à former une sorte de plinthe en saillie sur le champ du bâti ; leur largeur est de 0 m. 13 à 0 m. 20.

Les portes cochères étant très lourdes à manœuvrer, on pratique généralement dans l'un des vantaux un *guichet* ou petite porte pour le passage des piétons. Ce guichet s'ouvre à feuillures dans un cadre ménagé dans l'un des vantaux de la porte cochère.

Une porte cochère de 2 m. 60 de large a 3 m. 80 de hauteur, une de 3 m. 20 de large a 4 m. 50 de hauteur.

On surmonte quelquefois les portes cochères d'une imposte qui a la hauteur de l'entresol de la maison. La baie de la porte cochère a pour hauteur en ce cas

Fig. 123. — Impostes pleine et vitrée au dessus d'une porte cochère.

la hauteur du rez-de-chaussée plus celle de l'entresol. Un grand nombre d'immeubles parisiens contruits il y a une trentaine d'années présentent cette particularité. Aujourd'hui, on fait beaucoup de portes cochères dont le panneau supérieur est formé d'une grille artistique derrière laquelle on pose une glace transparente.

Les *portes bâtardes* ou *portes d'entrée* sont à un seul

vantail de 0 m. 80 à 0 m. 90 de largeur ou à deux
vantaux de 1 m. 10 à 1 m. 50 de largeur. On les fait
avec ou sans imposte pleine ou vitrée. Très souvent le
panneau supérieur est formé d'une grille en fer forgé
ou en fonte avec une vitre derrière. Ces portes sont
toujours à cadre en chêne et panneaux en bois dur ;
le bâti a 0 m. 050 d'épaisseur. La hauteur des portes
d'entrée est d'au moins 2 m. 20 jusqu'à 2 m. 80.

Les ferrures et pentures des portes cochères et
d'entrée contribuent beaucoup au maintien d'équerre
des cadres ; ces ferrures sont encastrées dans l'épaisseur du bâti ; nous en parlerons au volume *Serrurerie*.

Les portes d'extérieur doivent être munies à leur
base sur l'extérieur d'une plinthe formant rejet d'eau
comme s'il s'agissait d'un bas de fenêtre. (Voir *Fenêtres*).

Portes vitrées. — On place les portes vitrées soit
pour donner accès au dehors sur un jardin ou balcon,
soit pour éclairer des pièces sombres par la lumière
venant d'une pièce voisine. La construction des
portes vitrées est analogue à celle des fenêtres dont
il sera question ci-après. Dans les porte-fenêtres à
deux vantaux, un des vantaux demeure le plus souvent fermé par une crémone et l'on ouvre l'autre pour
le passage des personnes : le recouvrement des vantaux l'un sur l'autre se fait ici à *feuillure* ou à *doucine*
et *chanfrein*. Si l'on employait la fermeture à *noix*
et *gueule de loup*, on ne pourrait ouvrir que les deux
vantaux à la fois, ce qui serait incommode.

Ouvertures des portes et fenêtres. — Les portes et
fenêtres ouvrent à *feuillure* (fig. 103, 109 et 110) quand
les battants viennent à recouvrement à mi-bois l'un
sur l'autre ; elles ouvrent à *noix* quand les deux bat-

tants pénètrent l'un dans l'autre à demi-cercle, comme le montre la figure 103 (en bas).

La feuillure est pratiquée tout autour des chambranles des portes et en haut et en bas des fenêtres.

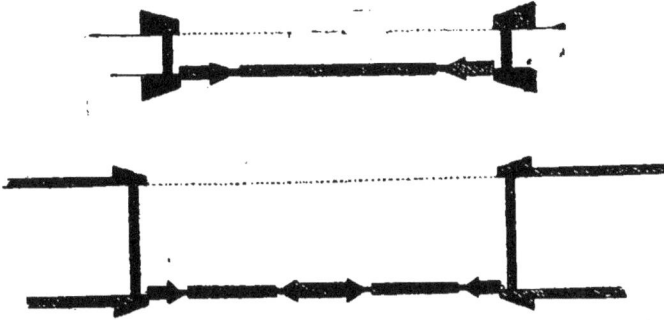

Fig. 124 et 125. — Fermeture à feuillure de portes à un et deux vantaux pour intérieurs.

La fermeture à noix est employée aussi bien pour les battants de rive que pour les battants meneaux des fenêtres et des portes cochères à deux vantaux. Les portes d'intérieur à un ou deux vantaux ferment toutes à feuillure.

CHAPITRE V

FENÊTRES, CROISÉES ET BAIES VITRÉES

Les fenêtres d'appartement sont composées d'un *cadre* ou *bâti dormant* et d'un ou plusieurs vantaux ouvrants ou dormants. La baie dans laquelle se pose le bâti dormant est formée de deux pieds droits à feuillure pratiquée dans la maçonnerie et couverte par un *linteau* qui est à 0 m. 30 ou 0 m. 50 en dessous du plafond, suivant la hauteur de l'étage, de 3 à 5 mètres.

Le dormant de la fenêtre est composé : en bas de la *pièce d'appui* qui est rainée en dessous d'une *goutte d'eau* pour empêcher l'eau de pourrir le dessous du bois ; de deux montants verticaux et d'une traverse supérieure qui vient sous le linteau. Si la fenêtre comporte une *imposte*, le bâti est divisé par une traverse horizontale ; dans les fenêtres à *meneaux* le dormant est divisé en deux ou trois parties par des traverses ou montants verticaux intermédiaires sur lesquels viennent battre les vantaux. On fait des fenêtres à *meneaux en maçonnerie* imitant l'architecture gothique.

Les vantaux ou *châssis vitrés* sont composés d'un cadre en *chêne* dont la traverse inférieure forme *jet d'eau* en dehors avec *goutte d'eau* en dessous pour re-

Fig. 126. — Fenêtre.
Petits carreaux à gauche et grands carreaux à droite.

jeter les eaux pluviales sur la pièce d'appui du dormant (fig. 128 et suivantes).

Le dormant est creusé tout du long de sa feuillure, d'un petit canal semi-circulaire appelé *larmier* au fond duquel sont percés quelques trous allant aboutir

dans la goutte d'eau sous le dormant. Dans ce lar
mier se rassemble l'eau qui suinte sous la fenêtre e
qui est évacuée en dehors par les trous indiqué
(fig. 129 et 130).

Fig. 127. — Fenêtre avec imposte à châssis fixes ou ouvrants.

On a proposé un grand nombre de dispositifs pou
éviter que l'eau, qui se condense sur les vitres de la
fenêtre, ne vienne s'écouler sur les plinthes et sur l
parquet de l'appartement. Nos gravures ci-aprè
montrent quelques-uns de ces procédés qui consisten
à élargir la pièce d'appui vers l'intérieur et à y pra

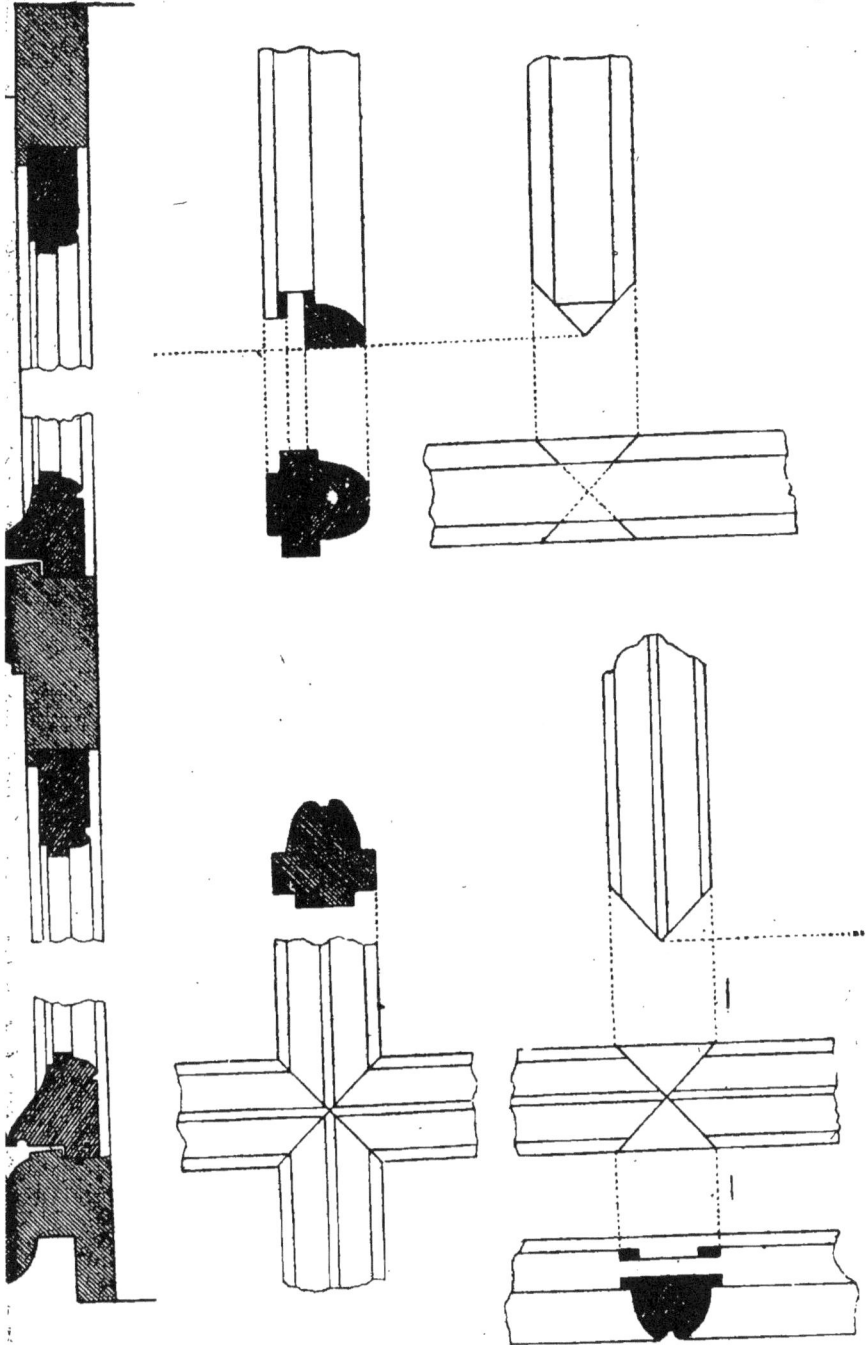

Fig. 128. — Détail d'assemblage des petits bois des fenêtres, les *jets d'eau* et *larmiers* ou *gouttes d'eau*

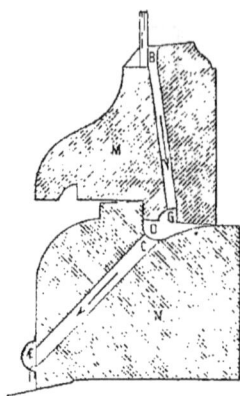

Fig. 129.

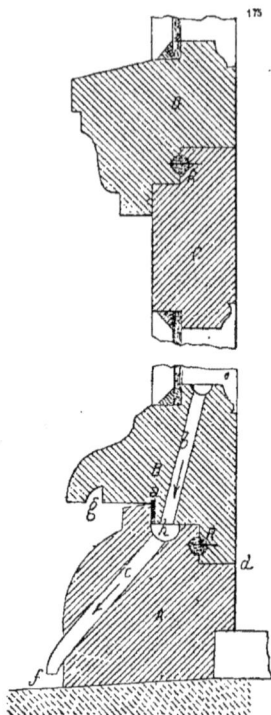

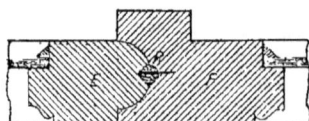

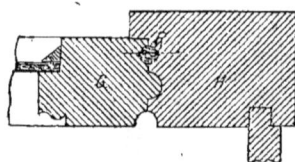

Fig. 131 et 132.

Fig. 130.

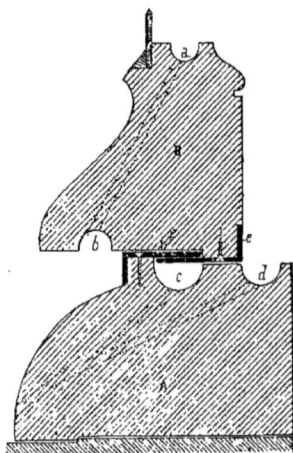

Fig. 133.

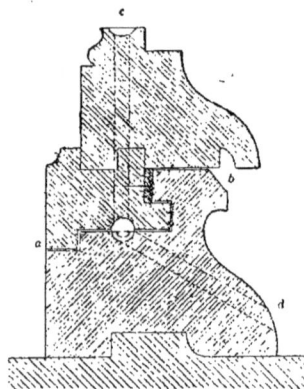

Fig. 134.

tiquer un ou plusieurs caniveaux ou larmiers qui recueillent l'eau et la rejettent au dehors par des trous (fig. 133).

On fait dans ce but des pièces d'appui en fonte (fig. 134).

Pour obtenir la fermeture hermétique des châssis vitrés sur le dormant, on garnit les battants de boudins en caoutchouc introduits dans une rainure que l'on pousse spécialement pour cela dans la feuillure (fig. 130, 131 et 132).

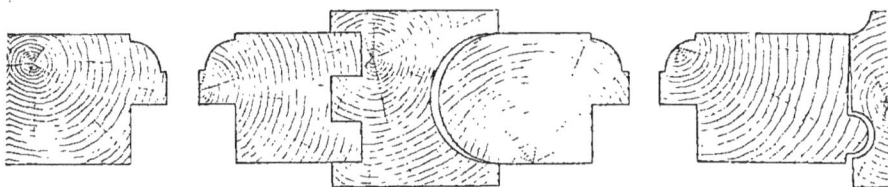

Fig. 135. — Coupe horizontale des montants d'une fenêtre, montrant les fermetures à noix et gueule de loup et les feuillures pour recevoir les vitres.

Les dormants de fenêtres sont assemblés à tenons et mortaises et chevillés ; ils se posent dans la feuillure de la maçonnerie, soit à fleur du parement intérieur, soit au milieu de l'épaisseur du mur et y sont arrêtés par des *cales d'épaisseur* en bois de chêne puis par des coins en bois dur enfoncés au droit des montants et traverses du dormant ; enfin on pose des *pattes à scellement* entaillées de leur épaisseur dans le dormant avec une vis à bois et scellées de 0 m. 10 dans la maçonnerie ; ces pattes ont la forme en *queue d'aronde* dans le bois et à *queue de carpe* dans la maçonnerie.

Dans les fenêtres d'appartement, la fermeture est à *feuillure* pour les traverses haut et bas ; elle est à *gueule de loup et noix* pour les montants de rive et les montants meneaux. Nos gravures montrent cette fermeture dans laquelle il est nécessaire que la partie du montant taillée à *gueule de loup* soit plus épaisse que celle taillée *à noix* (fig. 135).

On fait encore des fenêtres dont la *battée* de fermeture est moulurée en *chanfrein* ou à *doucine* pour le recouvrement des deux montants l'un sur l'autre.

Les *petits bois* sont assemblés à tenon et mortaise sur les montants et traverses du châssis ; ils sont assemblés entre eux à mi-bois ou s'ils sont moulurés sur leur face intérieure, on les assemble entre eux aussi à tenon et mortaise, l'un des petits bois ayant toute la largeur du châssis et les autres seulement la largeur d'une vitre, de façon que les moulures se raccordent en *onglet*.

Les *petits bois en fer profilé* ou en fer à T sont très usités aujourd'hui pour les châssis de fenêtres d'ateliers, bureaux et magasins. On assemble ces fers sur le cadre du châssis en entaillant le bois et en fixant le fer par une vis à bois. On se sert aussi pour cela de petites équerres en fer que l'on trouve toutes préparées dans le commerce.

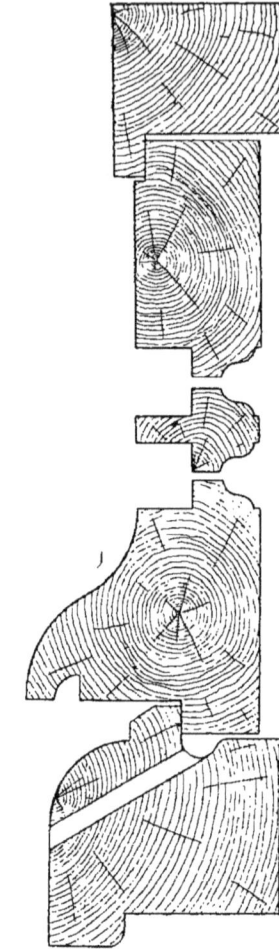

Fig. 136. — Coupe verticale des traverses d'une fenêtre, montrant les fermetures à feuillure, les rejets d'eau et larmiers et les feuillures pour recevoir les vitres.

Notre gravure ci-dessous montre les profils de ces petits bois en fer ; certains d'entre eux sont creusés d'une rainure qui facilite l'adhérence du mastic.

Les petits bois en fer se posent généralement sur toute la hauteur du châssis, de façon à constituer des vitres longues et étroites.

Les fenêtres *à glace* ne portent qu'un petit bois horizontal à hauteur d'appui, elles sont convenables pour les façades des maisons de rapport.

Fig. 137. — Fers à vitrages.

Doubles fenêtres. — Elles sont composées de deux fenêtres placées l'une derrière l'autre sur un même dormant. La fenêtre intérieure est plus grande que l'extérieure, de façon que celle-ci puisse s'ouvrir dans l'intérieur de celle-là. Elles s'ouvrent ainsi toutes deux vers l'intérieur ; l'espacement entre elles est de 0 m. 10 environ.

Les doubles fenêtres, très usitées dans les pays du Nord, ont l'avantage de bien maintenir la température de l'appartement à cause du matelas d'air qu'elles enferment entre elles ; elles protègent aussi bien de la chaleur que du froid.

5

Fenêtres à guillotine. — Ces fenêtres, appelées aussi à *coulisse* ou *soulevantes*, sont composées d'un châssis supérieur fixe, formant une sorte d'imposte et d'un châssis inférieur mobile qui se relève en glissant verticalement de bas en haut sur le précédent. La cou-

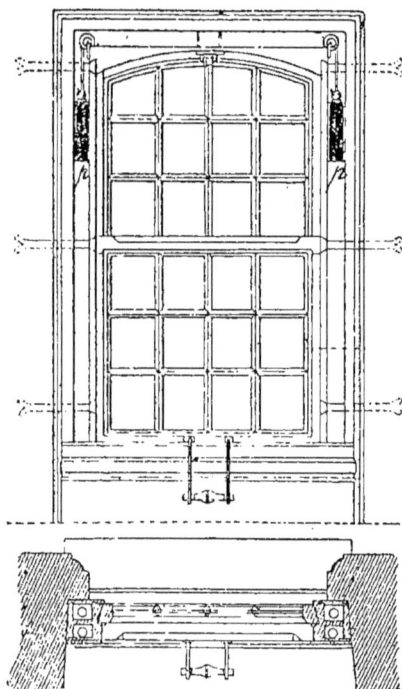

Fig. 138. — Détails de construction d'une fenêtre à guillotine.

lisse est guidée par le dormant et soulagée par un système de cordes et de contrepoids dissimulés dans l'épaisseur du mur ou du dormant. On donne au contrepoids un poids supérieur à celui du châssis mobile, de façon que celui-ci se maintienne seul relevé et ne puisse s'abaisser que par une légère traction.

Impostes. — Ce sont des parties vitrées au-dessus

des fenêtres ou portes ; l'imposte est constituée par une forte traverse horizontale fixée dans le dormant et qui soutient les châssis fixes ou mobiles placés au-dessus. Cette traverse est à feuillure haut et bas pour recevoir la battée de la fenêtre et le châssis ; exté-rieurement, elle porte un jet d'eau et une goutte d'eau en dessous pour empêcher les eaux pluviales de tomber sur la fenêtre ou la porte en dessous (fig. 119 et 123).

Proportions des fenêtres. — Les dimensions des fenêtres sont actuellement extrêmement variables, surtout depuis que l'emploi du fer et du ciment armé dans la construction des bâtiments a permis de faire des baies très grandes.

Pour les fenêtres d'appartements, on donne à la fenêtre une hauteur égale à deux fois sa largeur, soit par exemple 1 mètre de largeur et 2 mètres de hauteur pour les appartements à loyer. Une fenêtre *n'est ja-mais trop grande*, car elle contribue à la salubrité du logis en y donnant l'air et la lumière.

Il faut au moins qu'une fenêtre permette à deux personnes de s'y placer ensemble, soit au moins 0 m. 80 de largeur ouverte.

Les fenêtres d'une grande largeur, pour ateliers et magasins, sont divisées en trois ou quatre battants par des montants fixes verticaux.

Pour les étages bas, on peut faire des fenêtres presque carrées. On nomme *mezzanine* une fenêtre plus large que haute.

Les bois de chêne employés pour les dormants ont 0 m. 054 ou 0 m. 08 d'épaisseur sur 8 à 12 centimètres de largeur ; mêmes dimensions pour les montants meneaux à gueule de loup. Les autres pièces des châs-sis se font en bois de 0 m. 034 ou même 0 m. 025 pour les fenêtres légères.

Dans les fenêtres cintrées à la partie supérieure, o¹
met l'imposte au commencement de la naissance d¹
cintre ou même plus bas.

Si la fenêtre doit être munie de volets montan¹
jusqu'en haut du cintre ou au linteau, il faut naturel¹
lement, pour que les volets puissent se fermer, qu¹
l'imposte ne dépasse pas l'épaisseur du châssis de l¹
fenêtre.

Châssis vitrés. — Ce sont des cadres assemblés ¹

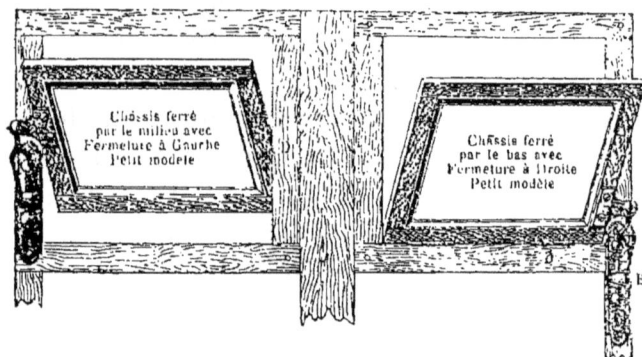

Fig. 139.   Fig. 140.

tenons et mortaise ou à enfourchement, collés et chevillés ; ils sont divisés par des *petits-bois* qui reçoivent les vitres. Le nombre des divisions d'un châssis
vitré est très variable, depuis les fenêtres dites à
petits carreaux, qui ont plusieurs rangs verticaux et
horizontaux de petits bois, jusqu'aux fenêtres à
grande glace qui n'ont pas de petits bois, la glace
unique tenant toute la surface du châssis.

La fermeture des châssis vitrés sur le dormant et
entre eux se fait à simple feuillure dans les fenêtres
à bon marché (fenêtres de cuisines, d'ateliers et magasins).

Vasistas et châssis. — Ce sont des fenêtres à un ou deux vantaux placées à une certaine hauteur dans les pièces qu'elles éclairent par en haut. Ils se composent d'un cadre en chêne ou dormant dans lequel viennent battre les châssis vitrés. Ces châssis s'ouvrent soit latéralement comme les fenêtres ordinaires, soit en abattant ou en relevant, soit par pivotement autour d'un axe horizontal ou vertical; nos gravures montrent quelques-uns de ces dispositifs.

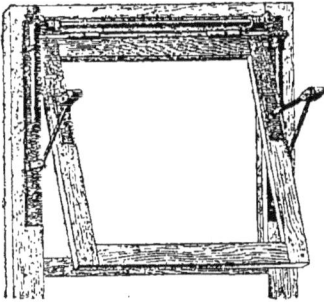

Fig. 141.
Châssis ouvrant de bas en haut.

Fig. 142.
Châssis ouvrant sur le côté.

Les châssis peuvent faire partie d'une imposte placée au-dessus d'une porte ou d'une fenêtre; ils servent à aérer la pièce quand la fenêtre est fermée. C'est le cas dans les écoles et ateliers.

CHAPITRE VI

VOLETS ET PERSIENNES

Volets pleins. — Les volets pleins pour fenêtres se font comme des portes légères à traverses et écharpes pour les constructions à bon marché, et à cadre et panneaux pour les ouvrages plus soignés. On emploie du chêne de 0 m. 025 ou 0 m. 035 pour les cadres et du sapin pour les panneaux. Souvent on fait dans le panneau supérieur un ajour d'un dessin plus ou moins artistique ; d'autres fois, on constitue les panneaux du bas et du milieu par des parties pleines et le panneau du haut en *lames de persienne.*

Les volets peuvent être extérieurs ou intérieurs à la fenêtre ou à la porte-fenêtre ; quelquefois on met des volets extérieurs et des volets intérieurs ; le plus souvent ces derniers se replient dans l'*ébrasement* ou *embrasure* de la fenêtre ou de la porte, ainsi qu'il sera dit plus loin au sujet du montage des volets et persiennes. Ces volets sont alors formés de plusieurs volets étroits constitués chacun par un cadre et des panneaux ; ces cadres sont assemblés par deux ou trois

charnières et se replient *les uns sur les autres en accor-
déon ou les uns dans les autres ;* en ce dernier cas, ils

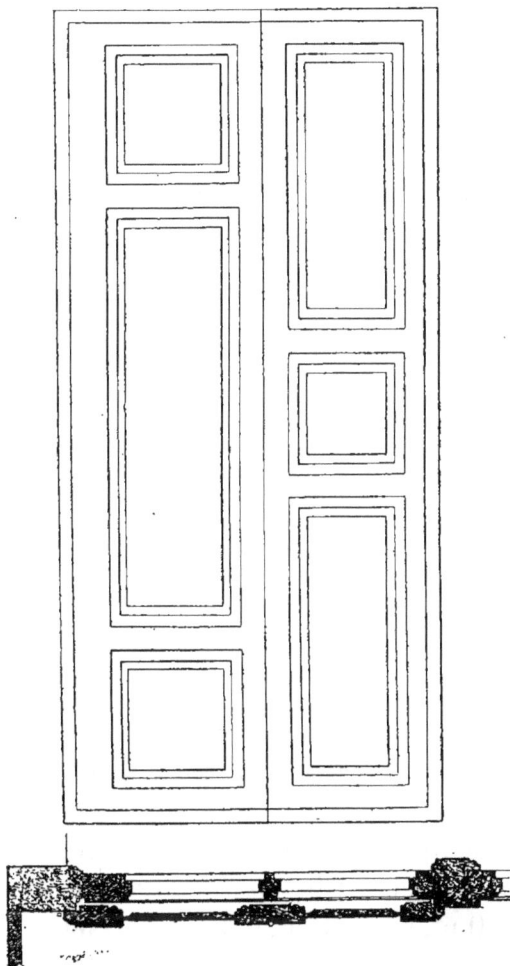

Fig. 142. — Volets pour portes-fenêtres et intérieurs.

sont d'inégale largeur, comme le montre la figure 1,
la plus large restant à l'extérieur.

La *brisure* ou recouvrement des volets les uns sur
les autres se fait à feuillure et quelquefois à noix pour
les brisures des volets assemblés à charnières entre

eux ou pour la jonction du volet avec le dormant en bois.

Les volets sont le plus souvent suspendus sur des *gonds* scellés directement dans la maçonnerie et se logent dans une feuillure pratiquée dans l'encadrement en maçonnerie de la fenêtre, de façon que lorsqu'ils sont fermés, ils sont entièrement contenus dans la feuillure et ne peuvent pas être retirés de leurs gonds. Les volets pleins ont des cadres en chêne

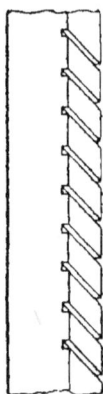 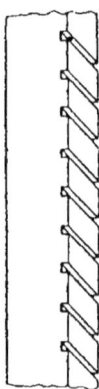 

| Fig. 143. | Fig. 144. | Fig. 145. |

Assemblage des lames de persiennes sur les montants du cadre.

de 7 à 10 centimètres de largeur sur 0 m. 025 à 0 m. 038 d'épaisseur ; les panneaux sont en chêne ou en sapin de 0 m. 013 à 0 m. 025 d'épaisseur.

Volets-persiennes. — Les volets-persiennes sont formés d'un cadre ou bâti dans lequel on assemble horizontalement des lattes ou lames en bois mince, inclinées à 45 degrés et ayant entre elles un écartement qui est généralement égal à l'épaisseur du châssis. Cependant, la largeur des lames doit être telle que le bord inférieur d'une lame soit au moins sur la même ligne horizontale que le bord supérieur de la lame en dessous, lorsque le volet est en place. On peut ainsi voir de l'intérieur à l'extérieur, en regardant de haut

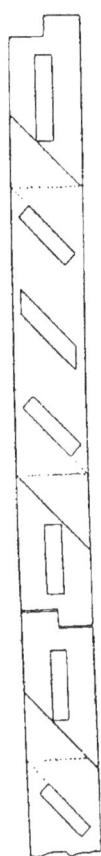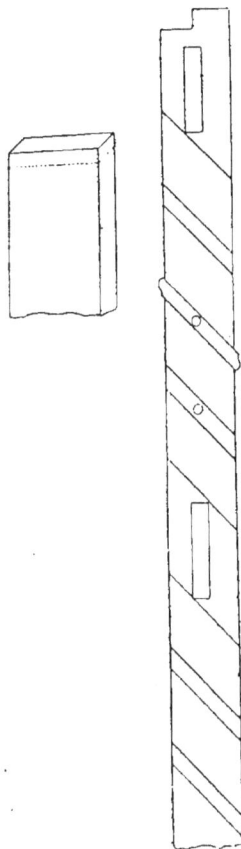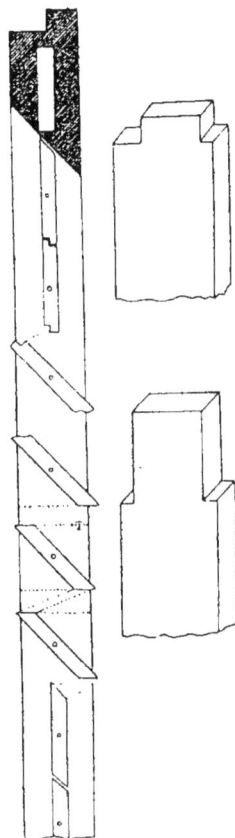

Fig. 146.   Fig. 147.   Fig. 148.

Assemblage de lames de persiennes fixes et de lames mobiles; les gravures ci-dessus montrent les mortaises pratiquées dans les montants pour recevoir les traverses horizontales du cadre formant le volet-persienne.

en bas suivant l'inclinaison des lames, mais on ne peut pas voir de l'extérieur ce qui se passe dans la maison. Comme les volets pleins, les persiennes sont à deux vantaux se repliant en dehors sur le parement du mur, soit à plusieurs vantaux assemblés à charnières et se repliant les uns sur les autres dans l'embrasure de la fenêtre ou de la porte-fenêtre (fig. 149).

Les cadres de persiennes se font avec des bois de chêne de 0 m. 05 à 0 m. 11 de largeur sur 0 m. 025 à

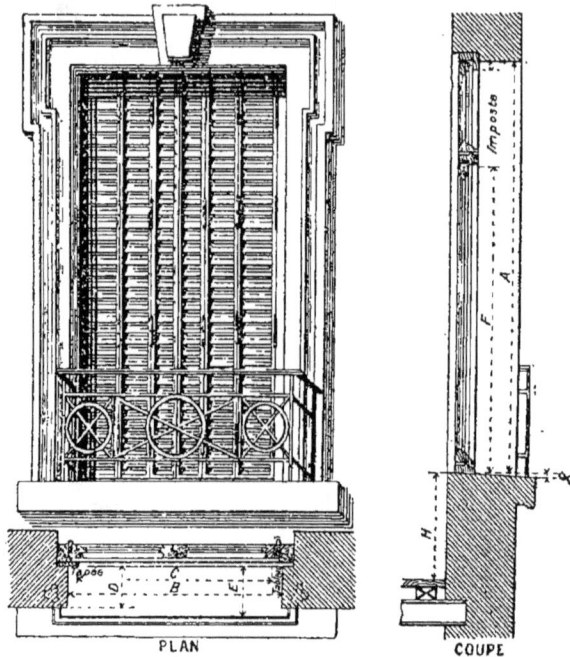

Fig. 149. — Volets-persiennes se repliant dans l'embrasure de la fenêtre.

0 m. 045 d'épaisseur. Les lames se font en chêne ou en sapin de 0 m. 01 à 0 m. 018 d'épaisseur.

Pour assembler les lames dans les montants des cadres il existe plusieurs procédés :

1º On fait dans les montants une série d'entailles parallèles, plus profondes par en haut, et on fixe les lames dans les entailles avec une pointe.

2º On fait des entailles parallèles et on pratique un

trou rond au milieu de l'entaille, dans lequel trou vient se loger un goujon rond réservé en bout et de chaque côté de la lame.

Manière de prendre les mesures des volets persiennes (fig. 149).

A Hauteur prise entre pierres, de la partie la plus élevée de l'appui en pierre ou linteau.
B Largeur des baies entre pierres.
C Largeur des baies entre tapées.
D Largeur des tableaux.
E Largeur prise de la tapée au balcon.
F Hauteur prise du dessous de la traverse fixe d'imposte à l'appui en pierre.
H Hauteur d'allège pour déterminer l'emplacement de la poignée d'espagnolette.
X Cote indiquant la pente de l'appui en pierre pour déterminer la saillie des battements et gâches.

3° On assemble les lames à tenons et mortaises en faisant, toutes les trois ou quatre lames, un tenon assez long pour recevoir une cheville qui assemble le cadre et maintient son écartement.

L'écartement du cadre est du reste maintenu par les traverses supérieure et inférieure et, si le volet a plus d'un mètre de hauteur, par une ou plusieurs traverses intermédiaires.

On affleure les lames suivant les plans du cadre.

Souvent on dispose, dans les persiennes, un certain nombre de *lames mobiles*, soit pour permettre de mieux voir au dehors, soit pour donner à volonté plus de lumière dans la chambre. En ce cas, la lame est montée sur pivots ou goujons ronds et on élargit l'entaille sur chaque montant du bâti pour permettre le pivotement de la lame. Quelquefois on met un certain nombre de lames mobiles les unes à côté des autres et on commande leur mouvement simultané avec une *cré-*

maillère à touraillons qui permet de les faire mouvoir pour les ouvrir ou les fermer.

Une de nos gravures montre un volet-persienne dont une partie forme un châssis mobile qui peut se relever à la manière d'un store à l'italienne.

Fig. 150. — Volet-persienne se relevant *à l'italienne*.

(Voir pour les ferrures des portes et volets le volume *Serrurerie*.)

On ferme les volets des bâtiments rustiques avec une simple barre de bois pivotant autour d'un boulon et venant reposer sur deux crochets vissés sur chaque volet.

CHAPITRE VII

DEVANTURES DES BOUTIQUES
BOW-WINDOW — JALOUSIES ET STORES

Les revêtements en menuiserie qui forment les devantures des boutiques font saillie sur le parement du mur ; le tableau ci-après indique les saillies autorisées à Paris pour les devantures. (Décret du 22 juillet 1882.)

La devanture se compose d'un soubassement avec plinthe ou stylobate, de montants encadrant une partie vitrée et d'un entablement. Dans les anciennes devantures, la fermeture est faite, pendant la nuit, au moyen de *volets mobiles* portant des trous ferrés avec des *platines* ou petites plaques de fer ; dans ces trous on enfonce des *boulons à clavette* qui entrent dans des trous correspondants percés dans les montants de la devanture, les clavettes étant posées dans l'intérieur.

A ce système, on a substitué celui des *volets à charnière* ou *volets brisés en feuilles* qui se replient les uns

	Saillies autorisées		
	Jusqu'à 2m60 au-dessus du trottoir	de 2m60 à 3 m. au-dessus du trottoir	à plus de 3 m. au-dessus du trottoir
Seuils ou socles de devanture de boutique......................	0m20	»	»

La hauteur des seuils ou socles de devanture, mesurée, en cas de déclivité de la voie, au point le plus haut du trottoir, ne devra pas excéder 0m22.

En cas de suppression de la devanture, le seuil ou socle devra être également enlevé.

Lorsque, entre deux devantures consécutives, dont la distance n'excédera pas 2 mètres, il existera une baie de porte, les seuils ou socles de ces devantures pourront être prolongés au-devant de l'intervalle, mais à la condition d'être enlevés dans le cas où l'une de ces devantures serait supprimée.

Devantures de boutiques entre le socle et le tableau, tous ornements compris	0m16	0m16	0m16

Les devantures de boutiques ne pourront pas s'élever au-dessus de l'entresol.

Tableaux de devanture sous corniche .	0m16	0m16	0m16
Ornements pouvant être appliqués sur lesdits tableaux et y compris la saillie des tableaux	0m16	0m30	0m16
Corniches de devanture de boutique en bois ou en métal	0m16	0m30	0m50
Grilles de boutique..................	0m16	0m16	0m16

Les grilles de boutique ne pourront pas s'élever au-dessus du rez-de-chaussée.

Volets ou contrevents pour fermeture de boutiques....................	0m16	0m16	0m16

sur les autres et se logent dans deux *caissons* placés de chaque côté de la devanture. Quand les volets sont dépliés sur la devanture, on les fixe au moyen de *loulons à clavettes* ou encore par une barre de fer plat qui prend tous les volets horizontalement et qui est

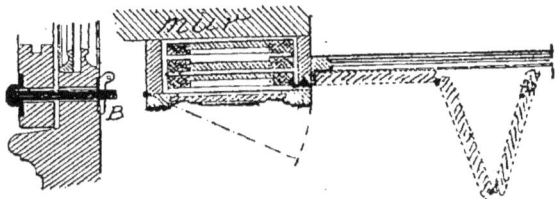

Fig. 151. — Devanture de boutique avec volets se repliant dans des caissons sur chaque côté.

fixée du côté des caissons par un crochet et sur la devanture par un boulon à clavette ou par une serrure spéciale.

Les caissons sont des armoires formant les mon-

Fig. 152.

Devanture avec fermeture en tôle ondulée.

Fig. 153.

Devanture avec volets métalliques se repliant dans l'entablement.

tants extrêmes de la devanture, ils s'ouvrent à charnières et sont fermés par une serrure.

La devanture est fixée aux murs par des *pattes à scellement*. Dans les devantures modernes, la ferme-

ture est faite par des volets métalliques se remontan
dans un caisson spécial qui est réservé dans l'enta
blement supérieur. Ces volets sont à *lames* en tôl
planée, se repliant verticalement les uns derrière le
autres ou à *rideau* en tôle ondulée qui se déroule su

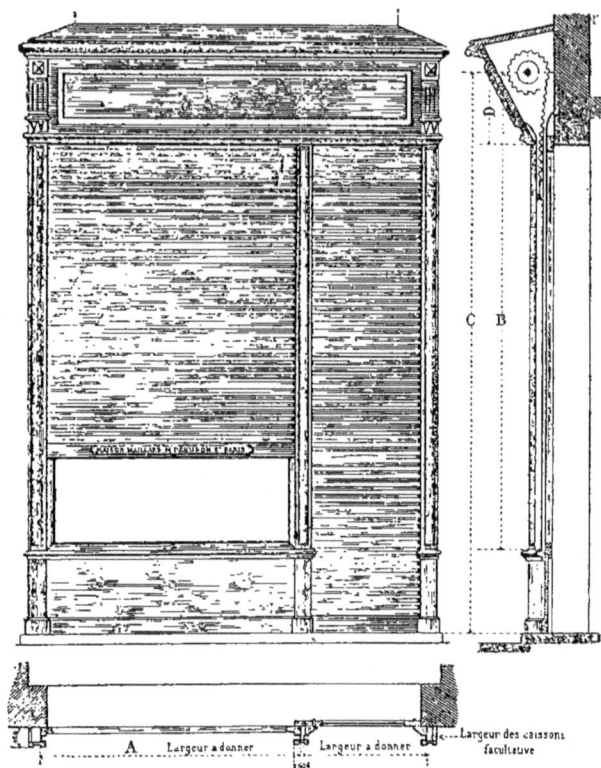

Fig. 154. — Détails de construction d'une devanture avec fermeture
à rideau en tôle ondulée.

un treuil placé dans l'intérieur de l'entablement. L
manœuvre se fait par une transmission par chaîne
et un treuil inférieur placés dans un caisson d'un côt
de la boutique. Ces dispositifs permettent de donne
plus de largeur aux parties vitrées, mais ils exigen
que toute la longueur de l'entablement soit libre pou
y permettre la rentrée des volets.

Bow-window. — Les balcons vitrés ou *bow-window* se font avec membrures en chêne ou en cornières métalliques. Ils ont généralement une forme trapézoïdale et se composent de 6 montants réunis par des

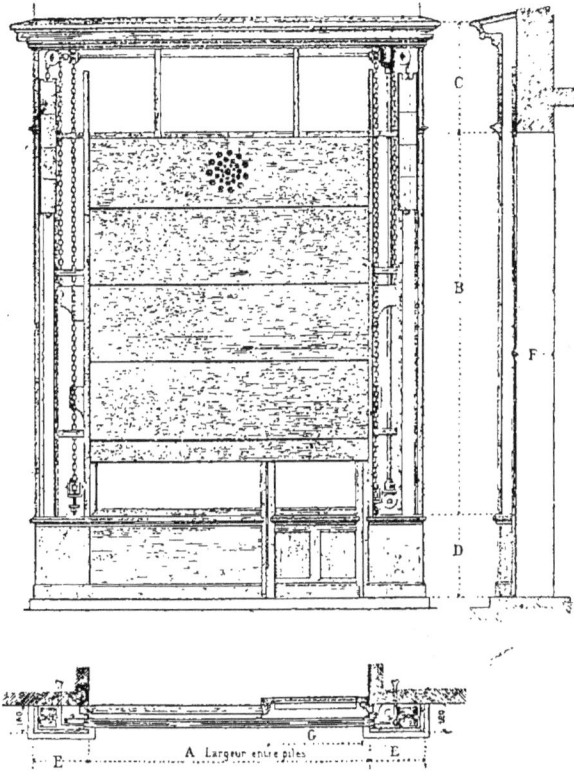

Fig. 155. — Détails de construction d'une devanture avec fermeture à volets métalliques se repliant dans l'entablement.

traverses assemblées à tenons et mortaises ; les panneaux du bas forment soubassement à hauteur d'appui et la partie supérieure est vitrée de châssis fixes ou ouvrants. On fait quelquefois les panneaux en faïence encastrée dans les montants et traverses. Les panneaux et fenêtres de bow-window doivent être

6

pourvus de traverses inférieures à *jet d'eau et larmier*
comme les fenêtres ordinaires.

Jalousies et stores en bois. — Les *jalousies* sont composées de lames en bois de 5 à 6 millimètres d'épaisseur et 8 à 10 centimètres de largeur, soutenues par

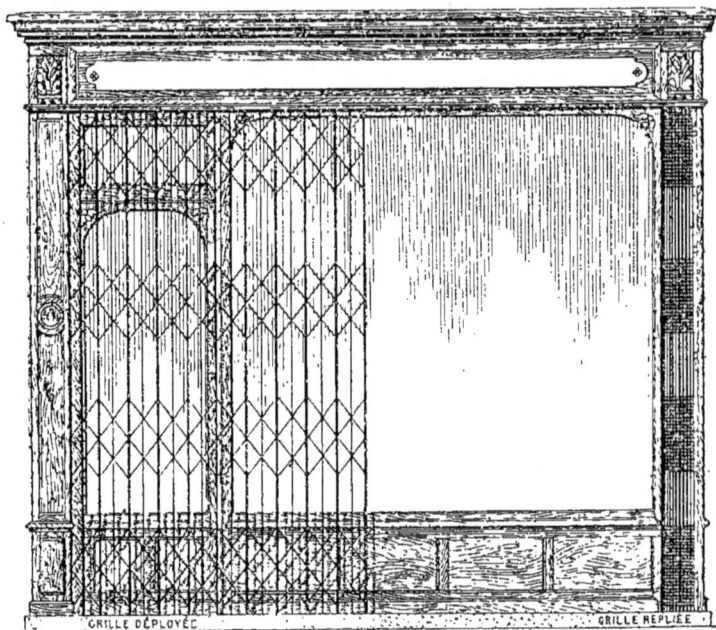

Fig. 156. — Devanture moderne avec fermeture par grilles articulées
se repliant dans des caissons placés de chaque côté de la devanture.

deux ou trois systèmes de suspension formés chacun
de deux chaînettes et de barrettes en fil de fer. Les
chaînettes sont suspendues à une lame plus épaisse
que les autres (2 à 3 centimètres d'épaisseur) qui est
mobile autour de deux pivots, de façon qu'en faisant
basculer cette lame, on peut mettre les lames de la
jalousie horizontalement ou inclinées, ou même les
appliquer les unes sur les autres de façon à intercepter
plus ou moins l'air et la lumière.

Pour relever et abaisser la jalousie, on perce toutes les lames de deux trous dans lesquels passent des cordelettes en *septain* de chanvre qui passent ensuite sur des poulies fixées en haut de la fenêtre, comme le montre la figure ci-contre (fig. 157).

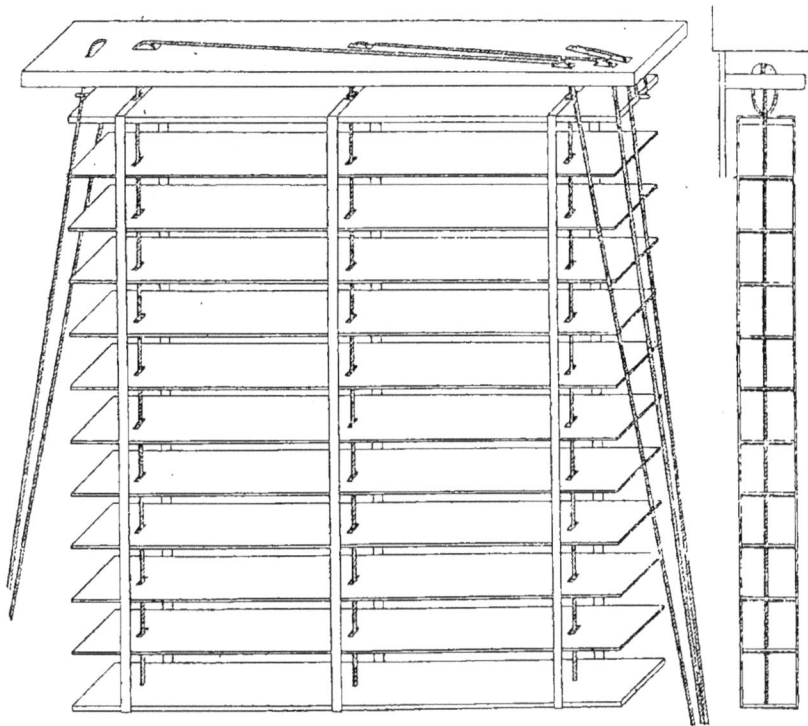

Fig. 157. — Détails de construction d'une jalousie.

On place sous le linteau de la baie une galerie ou pavillon en bois découpé qui cache la jalousie lorsqu'elle est repliée en haut.

Il est bon d'employer pour la fabrication des jalousies des chaînettes et fils de fer galvanisés et les bois sont peints à trois couches de peinture à l'huile de lin. Une jalousie revient entre 8 et 9 francs le mètre superficiel.

Les *stores* ou *claies* en bois sont constitués par des lattes ou par des baguettes rondes en bois de diamètres très variables, depuis 2 millimètres jusqu'à 2 centimètres, assemblées soit par des fils ou ficelles, soit par des fils de fer galvanisés formant une chaîne dans chaque maille de laquelle est prise une des lattes du store.

Les stores et claies sont employées aussi bien pour les fenêtres d'habitation que pour couvrir les vitrages des serres ou ateliers ; on les relève en les enroulant sur des rouleaux en bois montés sur pivots et actionnés par des cordes ou chaînes et manivelles à treuil.

Escaliers, Ascenseurs et Monte-charges. — Voir le volume spécial.

CHAPITRE VIII

CONSTRUCTION DES GYMNASES

Les exercices physiques étant, avec juste raison, de plus en plus en faveur, le menuisier peut trouver un grand profit à savoir construire les divers appareils de gymnastique ; c'est pourquoi nous avons cru devoir leur consacrer un chapitre spécial.

Les appareils de gymnastique se construisent en bois de chêne ; le sapin ne vaut rien pour cela, car il en coule souvent de la résine qui tacherait les vêtements des gymnastes et il est sujet à laisser des *échardes* dans les mains.

La figure 158 représente divers appareils de gymnastique pour les enfants : une sorte de tremplin formé de deux planches inclinées sur lesquelles on peut clouer des tasseaux ou lattes pour empêcher de glisser ; deux barres fixes de hauteur différente ; une balançoire formée d'une longue planche pivotant sur une autre planche verticale scellée dans le sol ; deux barres parallèles dont les poteaux sont enfoncés en terre et enfin un portique simple composé de deux poteaux enfoncés en terre, de 0 m. 60 environ et d'une traverse assemblée à tenons et mortaises avec ces poteaux. Ce portique peut servir aussi bien à accrocher une balançoire que des agrès quelconques pour enfants.

La figure 159 montre deux dispositifs pour portique destiné à de grandes personnes.

Fig. 158. — Gymnases d'enfants.

Le portique représenté dans la partie droite du dessin se compose de deux poteaux verticaux en chêne, de 0 m. 20 d'équarrissage, munis d'un tenon à leur partie supérieure, venant s'assembler avec une traverse horizontale également en chêne et de même équarrissage ; on a ainsi le portique ordinaire. Pour donner une plus grande stabilité à l'ensemble, on augmente la base de sustentation des poteaux en les assemblant en bout avec deux pièces de bois d'équerre, maintenues solidement en place par des jambes de force assemblées et chevillées.

Pour rendre l'ensemble d'une immobilité presque complète, on scelle d'environ 0 m. 80 dans la terre les pieds des poteaux, en ayant soin, au préalable, de les enduire de goudron de gaz et les garnissant au pourtour de moellons et de plâtre.

Les poteaux devront avoir au moins 4 m. 80 de hauteur, desquels, en déduisant 0 m. 80 de scellement, il restera 4 mètres hors du sol. Ils seront distants l'un de l'autre de 4 mètres intérieurement, et la traverse horizontale devra avoir environ 4 m. 80.

Pour consolider les assemblages des poteaux avec la traverse, on rapportera dans les angles des équerres en bois maintenues par des tirefonds.

Le portique représenté dans la partie gauche de la figure 159 ne diffère du précédent qu'en ce que la traverse horizontale est plus longue en dehors des poteaux, et que dans cette partie excédante sont assemblées trois pièces de chêne, toutes trois dans le même plan et affleurant le dessus de la traverse ; l'une en bout, perpendiculaire à la traverse, les deux autres obliques. C'est sur cet ensemble de pièces additionnelles qu'on vient clouer un plancher qui forme ainsi à chaque extrémité une plateforme.

C'est à la traverse horizontale que viennent s'accrocher tous les agrès. La distance à observer entre chacun de ces appareils est de 0 m. 40. L'écartement entre les cordes des anneaux et du trapèze est de 0 m. 60.

En 1 se trouve une échelle orthopédique.

A droite et à gauche de la plateforme (en 2), sont placées deux perches fixes en frêne, dont le pied est enfoncé en terre et la partie haute passée dans un anneau en fer fixé à la charpente de la plateforme.

Le diamètre de ces perches est de 0 m. 06 et leur longueur de 4 m. 65.

En-dessous de la plateforme s'accroche une échelle
de corde (3) ayant 3 m. 65 de longueur. Elle est faite
d'une corde d'un seul morceau ; entre les torons, au
nombre de quatre, sont engagés des échelons en bois

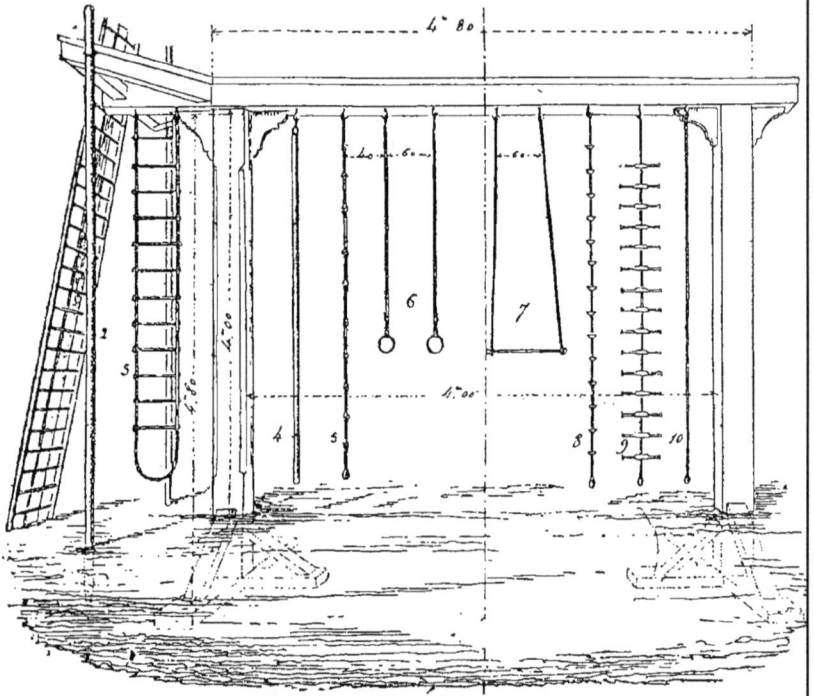

Fig. 159. — Deux dispositifs de portique.

tourné munis d'une gorge à chaque extrémité. Ces
échelons sont distants de 0 m. 30.

Le n° 4 figure une perche oscillante. C'est une simple perche cylindrique, en frêne, de 0 m. 06 de diamètre, 3 m. 65 de hauteur, et garnie à son extrémité
supérieure d'une ferrure à œil qui servira à la sus-
pendre au crochet.

La corde à nœud (5) est, comme l'indique son nom,

une corde dans la longueur de laquelle on a fait des noeuds distants de 0 m. 25 ; son diamètre varie de 0 m. 04 à 0 m. 05, et sa longueur est de 3 m. 65.

Deux cordes de 2 m. 20 de longueur, ayant à l'extrémité supérieure une boucle, et à l'autre extrémité un anneau en fer étamé de 0 m. 18 à 0 m. 20 de diamètre, constituent une paire d'anneaux (6).

Si dans l'ensemble ci-dessus on remplace les anneaux par une barre de bois traversée dans sa longueur par une barre de fer, et qu'on y attache à chaque bout l'extrémité de chacune des cordes, on aura un trapèze (7).

La corde à console (8) diffère de la corde à noeuds en ce que la corde, qui est d'un plus petit diamètre, porte au-dessus de chaque noeud, et, s'appuyant sur lui, une embase en bois tourné de 0 m. 08 à 0 m. 10 de diamètre, dont la partie supérieure est plane et le centre percé d'un trou qui laisse passer la corde.

Si au lieu de ces consoles, on met des échelons en bois tournés, percés au milieu de leur longueur d'un trou dans lequel passe la corde, on aura une échelle de perroquet (9).

Enfin, en 10, est figurée une corde lisse ; septain de 0 m. 03 à 0 m. 04 de diamètre et de 3 m. 65 de longueur.

Les gravures de la planche 160 montrent :

1. Une *barre fixe* ayant deux poteaux armés à leurs bases de semelles et de contrefiches scellées dans le sol, comme il est dit ci-dessus. La barre se compose d'un bâton de chêne de 4 centimètres de diamètre, percé de part en part d'un trou de 15 millimètres, dans lequel passe une tringle en acier filetée aux deux bouts et munie d'écrous qui la serrent sur les poteaux. Cette barre peut se faire aussi avec une grosse barre de fer polie.

2. Un dispositif de *barre fixe mobile* dont les poteaux sont posés sur le sol et maintenus par des tendeurs en câble d'acier munis de raidisseurs.

Fig. 160. — Divers appareils de gymnastique.

3. Une *bascule ou balançoire brachiale* à laquelle les gymnastes se suspendent par les bras ; les bras de l'appareil sont articulés dans des mortaises percées dans un poteau scellé au sol.

4. Un *portique mobile* que l'on fixe sur un plancher avec des pattes en fer et deux câbles raidisseurs.

5. Deux *barres fixes mobiles* installées sur des semelles avec des contrefiches assurant leur solidité.

6. Une *échelle horizontale* fixée à 2 mètres de hauteur sur deux potences scellées dans le sol ; les barreaux de cette échelle doivent être en frêne tourné et poli ; hauteur des poteaux : 2 mètres au-dessus du sol.

7. Une *planche horizontale* fixée contre un mur à 2 mètres au-dessus du sol avec des contrefiches de soutien.

8. Un *cheval de bois* d'environ 0 m. 40 de diamètre sur 1 m. 50 de longueur avec deux poignées en fer. Les pieds de cet appareil sont réglable en hauteur pour le mettre à la portée de tous.

9. Une *bascule* ou balançoire à poignées.

10. Une *perche horizontale* posée sur deux tréteaux d'environ 0 m. 80 de hauteur, sur lesquels elle est fixée par des tasseaux en bois et deux plaques de fer.

CHAPITRE IX

PLACARDS ET ARMOIRES FIXES

Dans les appartements, on se sert des embrasures des fausses portes ou fausses fenêtres, ainsi que des espaces creux laissés par les coffres des cheminées, pour former des *placards* qui sont fort appréciés des ménagères. Dans le cas où les évidements en maçonnerie forment naturellement trois des côtés du placard, la besogne du menuisier se réduit à faire un cadre ou chambranle encastré dans la maçonnerie et qui reçoit la porte du placard, à un ou deux vantaux. Les planches se posent sur des tasseaux cloués dans les murs latéraux.

S'il s'agit de faire un placard contre un mur ordinaire, la menuiserie se compose d'un ou deux côtés et de la face portant les portes ; on met aux angles du cadre contenant les portes des poteaux de 8/8 ou 6/6 rainurés pour recevoir les planches formant les côtés et les montants du chambranle ou cadre qui reçoit les portes. Les côtés peuvent être formés d'une simple planche, ou mieux, de panneaux encadrés comme des lambris. Ces côtés sont cloués sur un tasseau vertical cloué lui-même contre le mur de l'appartement. La figure 161 montre la coupe horizontale d'un angle de placard posé contre un mur. Le fond supérieur formant toiture du placard peut être formé par le plafond de l'appartement ou par une planche que l'on cloue ou visse sur le pourtour du placard.

Supports de planches. — Nous représentons, figure 162, les supports de menuiserie dont on se sert pour soutenir les planches dans les cuisines, cabinets

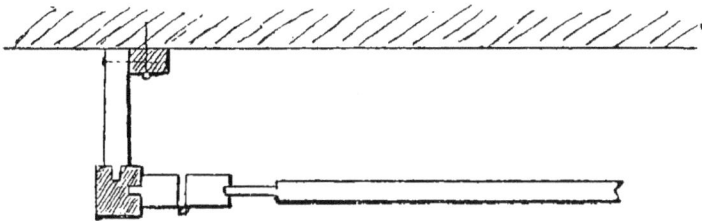

Fig. 161. — Détails de construction d'un placard.

de débarras, etc. ; les planches posées sur ces supports en bois ne doivent être que peu chargées, on emploie généralement des planches de 22 centimètres de large et de 2 cent. 5 d'épaisseur. Si les planches doivent être fortement chargées, il faut les poser sur des consoles en fer scellées dans les murs. Dans la figure 162, 1 est un support formé d'un montant vertical dans lequel s'engage à tenon et mortaise un support horizontal ayant un *talon* inférieur qui l'empêche de s'abaisser ;

2 est une potence avec contrefiche assemblée à tenons et mortaises ; ce support est plus solide que le précédent ;

3 est un support formé d'une planche découpée en arrondi convexe ou concave (ligne pointillée du

dessin). Pour faire ces supports, on prend de la planche de 32 centimètres de largeur et de 25 millimètres d'épaisseur et on s'arrange pour que le fil du bois soit autant que possible en diagonale comme le montre le dessin.

4 est la coupe d'un *tasseau* employé pour soutenir les planches le long des murs ; il se fait en bois de

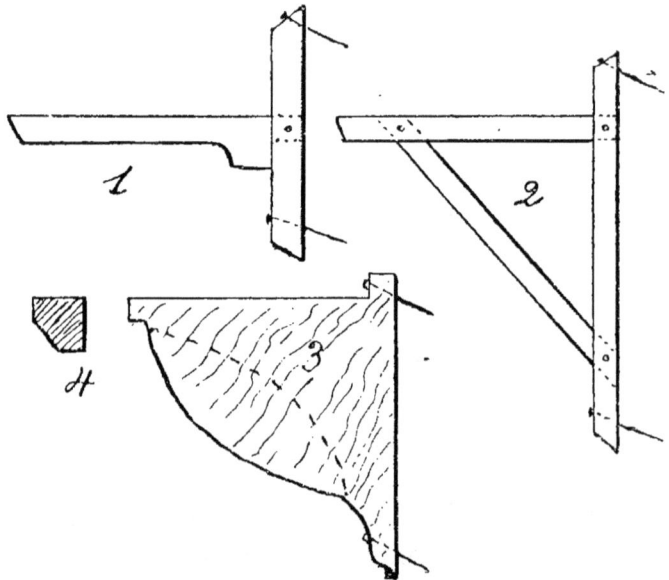

Fig. 162. — Supports de planches.

25 millimètres d'épaisseur sur 35 millimètres environ de hauteur ou même en bois de section carrée. Ce tasseau est employé dans les placards et armoires.

La figure 163 montre un système de support pour planches de placards, armoires ou bibliothèques. Il se compose de deux crémaillères en bois de chêne fixées à chaque angle du placard et sur lesquelles viennent reposer des tasseaux taillés en onglet à chaque bout. Les planches entaillées au droit des crémaillères viennent reposer sur ces tasseaux que l'on peut mettre à

volonté à une hauteur quelconque dans l'armoire, de
façon à varier selon les besoins l'écartement des
planches. Tous les supports ci-dessus se posent avec
des clous ou des vis à bois enfoncés dans des tamponnages faits dans les murs ; il est bon de percer à la
vrille les trous dans les supports en bois afin d'éviter
que les clous ne les fassent éclater.

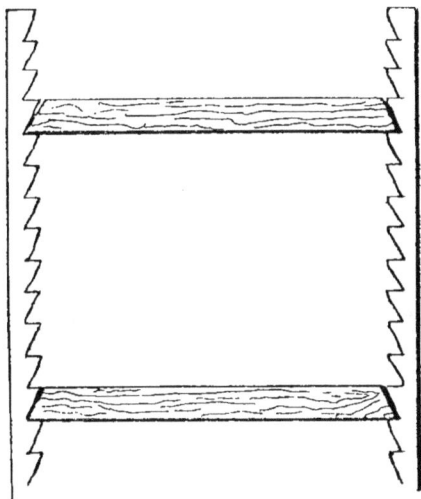

Fig. 163. — Crémaillères et tasseaux pour planches.

On trouve toutes faites, chez les fabricants de moulures, les crémaillères de la figure ci-dessus.

Tiroirs. — Les tiroirs de placards ou de meubles se
composent d'une forte planche en avant, qui reçoit
le bouton de tirage ou la serrure et sur laquelle viennent s'assembler à *queue d'aronde* les planches de
côté. Celles-ci sont assemblées à rainure et languette
avec la planchette d'arrière qui est prise entre les
deux planches de côté sur lesquelles sont pratiquées
les rainures. La planche formant le fond du tiroir
est encastrée dans une rainure pratiquée vers la base

des quatre planches verticales. Toutes les planches sont collées ensemble à la colle forte.

Les tiroirs glissent sur deux tasseaux cloués dans le meuble ou le placard ; on entaille souvent ces tas-

Fig. 164. — Coupe verticale d'un tiroir.

seaux en forme d'équerre pour·maintenir droite la position du tiroir.

Planches des armoires et appartements. — On les fait en sapin de 22 de large et 2 1/2 d'épaisseur, rabotées et peintes à la teinte de l'appartement. Dans la construction plus soignée, on rapporte en avant de la planche une baguette de chêne ou de noyer de l'épaisseur de la planche. Cette baguette peut être assez épaisse pour être assemblée sur la planche à rainure et languette.

CHAPITRE X

BOIS DÉCOUPÉS ET MOULURES

On fait, dans des planches plus ou moins épaisses, toutes sortes de découpures et ajours pour constituer des ornements extérieurs ou intérieurs, tels sont : les bordures de toitures de châlets et balcons, les galeries et séparations d'appartements et bureaux. Il existe dans le commerce des albums contenant une grande variété de dessins pour découpages. Ces découpages se font à la *scie à chantourner* à bras, ou mieux à la scie mécanique à découper appelée *sauteuse* que représente une de nos gravures ci-après.

Quand on fait du découpage dans une planche ordinaire, il faut tracer le dessin de façon que le fil du bois ne soit pas brutalement coupé, sans quoi on s'expose à n'avoir que des pièces fragiles qui se fendront et se casseront au moindre choc, ou même par le seul fait de l'humidité et du *travail* du bois. Il faut aussi prendre du bois assez épais.

Si l'on veut faire un découpage très ajouré et dans lequel le dessin coupe à chaque instant le fil du bois,

7

il faut se servir de bois *contreplaqué* en deux ou trois épaisseurs, collées ensemble et à fils croisés; on ne risque pas ainsi de voir l'ouvrage se fendre t se casser. On trouve dans le commerce des bois contreplaqués en trois épaisseurs qui sont excellents pour les découpages d'intérieur d'appartement.

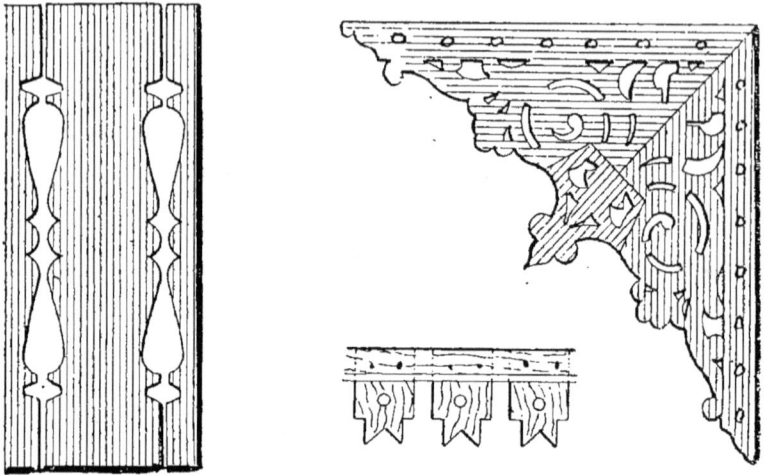

Fig. 165. — Assemblages de bois découpés de façon que le fil du bois ne soit pas entièrement coupé par les découpures.

Pour l'extérieur, on doit former les panneaux découpés de plusieurs éléments assemblées de telle sorte que le fil du bois ne soit nulle part entièrement coupé par le dessin.

Moulures. — Les moulures de menuiserie se poussent au rabot dit *bouvet*, soit en *plein bois*, soit sur des baguettes que l'on rapporte ensuite sur l'ouvrage avec de la colle et des clous sans tête ou à tête très fine. Dans la menuiserie soignée, les moulures sont poussées en plein bois.

Aujourd'hui les moulures se font le plus souvent avec les machines appelées *toupies* ou *moulurières* dont nous donnerons plus loin la description. On trouve dans le commerce des moulures toutes faites par des fabricants spéciaux, au moyen desquelles on peut faire, à bon marché, des décorations de panneaux, lambris, corniches, plinthes, etc.

Depuis quelque temps, des fabricants font des moulures sculptées en *pyrogravure* ; ces moulures sont d'un bel effet et d'un prix beaucoup plus réduit que les sculptures à la main qu'elles imitent fort bien.

La gravure ci-contre indique les principales moulures de menuiserie ; quand plusieurs moulures sont réunies les unes au-dessus des autres, elles forment une *masse de moulures* qui est dite à un, deux, trois, quatre *corps*, suivant le nombre d'étages de moulures qui la constitue.

Les moulures les plus employées sont les *baguettes d'angle* pour protéger les angles vifs des murs, les *quarts de rond*, les *demi-rondes*, les *calfeutrements* et les *larmiers*.

Les autres moulures réunies suivant le goût du menuisier forment les plinthes, cimaises, corniches, soubassements, architraves de lambris ou colonnes, entablements, etc.

Moulures de menuiserie et masses de moulures
(fig. 166).

1. — Chanfrein.
2. — Filet ou listel.
3-4. — Tables ou plates-bandes.
5. — Baguette demie-ronde ou tore.
6. — Demi-baguette.
7. — Baguette d'angle.
8. — Chambranle.

9. — Congé.
10. — Quart de rond droit.
11. — Quart de rond renversé.
12. — Cavet droit.
13. — Cavet renversé.
14-15. — Cannelures.

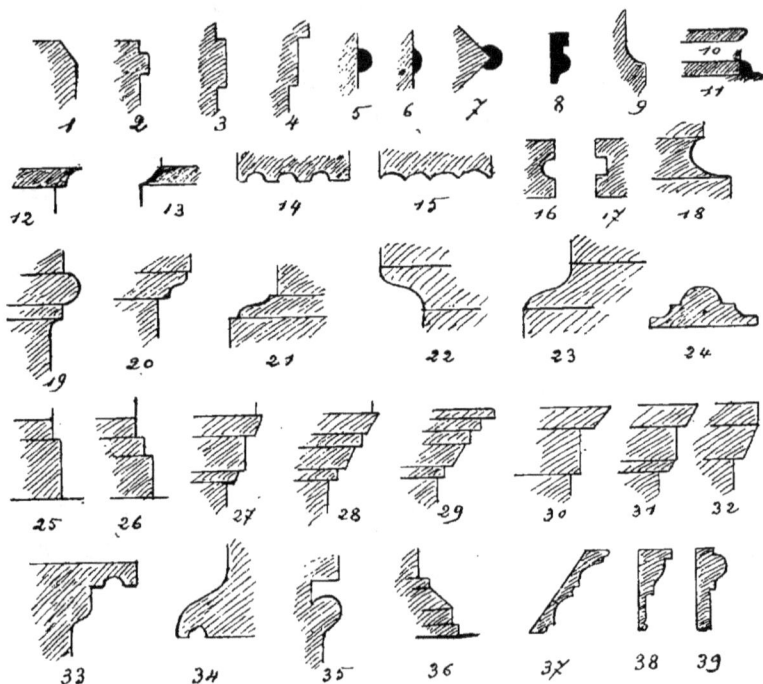

Fig. 166. — Moulures et masses de moulures.

16-17. — Gorges.
18. — Scotie.
19. — Astragale.
20. — Talon droit.
21. — Talon renversé.
22. — Doucine droite.
23. — Doucine renversée.
24. — Trèfle.

25. — Plinthe 1 corps.
26. — Plinthe 2 corps.
27-28-29. — Corniches 3, 4 et 5 corps.
30-31. — Architraves ou entablements 2 et 3 corps.
32. — Chapiteau.
33. — Larmier ou goutte d'eau.
34. — Jet d'eau et larmier.
35. — Tarabisco.
36. — Base de colonne ou soubassement.
37. — Corniche.
38-39. — Moulures de cadres ou chambranles.

CHAPITRE XI

MACHINES A TRAVAILLER LES BOIS DE MENUISERIE

Dès qu'une entreprise de menuiserie est susceptible d'occuper cinq ou six ouvriers, il est avantageux de substituer le travail mécanique des bois au travail à la main, le patron peut ainsi augmenter la rapidité d'exécution des travaux tout en évitant la fatigue de son personnel. Les machines nécessaires sont :

Une *scie à ruban* et une *scie circulaire* pour débiter les bois ; une *dégauchisseuse* pour les dégrossir et une *raboteuse* ; une *mortaiseuse* et une machine à faire les *tenons* ; une *toupie* pour faire les rainures, languettes et moulures ; enfin une *sauteuse* pour faire les découpages.

La toupie peut servir à faire les tenons au moyen d'outils spéciaux. Certaines usines construisent, du reste, des machines servant à faire plusieurs sortes de travaux, de façon à réduire le nombre des machines nécessaires au menuisier moderne.

Nous donnons ci-après la description des principales machines de la menuiserie ; ces machines peuvent être actionnées par un moteur quelconque, hydraulique, électrique, à essence, pétrole ou gaz, ou encore par une petite machine à vapeur qui brûle les déchets de bois et copeaux. Les moteurs les plus pratiques sont les moteurs électriques et ensuite les moteurs à gaz ou à pétrole, car ils ne nécessitent pas de surveillance pendant leur marche.

La force du moteur doit être calculée suivant le nombre des machines que l'on veut actionner simultanément ; nous avons indiqué, avec la description de chaque machine, le nombre de tours et la force nécessaire à cette machine.

Les machines à travailler le bois tournent toutes à de grandes vitesses, elles exigent donc une grande prudence de la part de l'ouvrier qui s'en sert, mais l'apprentissage se fait très rapidement pourvu que l'ouvrier soit intelligent et attentif à son travail.

Scies à ruban. — La scie à ruban permet de débiter les *bois en grumes*, c'est-à-dire les troncs d'arbres pour en faire des planches ou des poutrelles, aussi bien que de refendre les madriers et de couper les planches suivant le fil du bois ou en travers. Cependant les scies à rubans pour bois en grumes doivent être de grandes dimensions et avoir des lames à dentures spéciales ; elles sont en outre munies d'un *chariot*, mû par une crémaillère et une manivelle, sur lequel se *griffe* la grume à débiter. Il est nécessaire d'enlever à la hache l'écorce du tronc d'arbre, afin d'éviter que les graviers que cette écorce peut renfermer ne détériorent rapidement la lame de scie.

Dans les travaux de menuiserie, on achète le plus souvent les bois débités en madriers ou en planches, c'est pourquoi nous avons représenté ici une scie à ruban avec *table* et non une scie à ruban à chariot. On construit des scies à ruban dans lesquelles sont un chariot ou une table, à volonté, ce qui permet les divers travaux sur grumes ou planches.

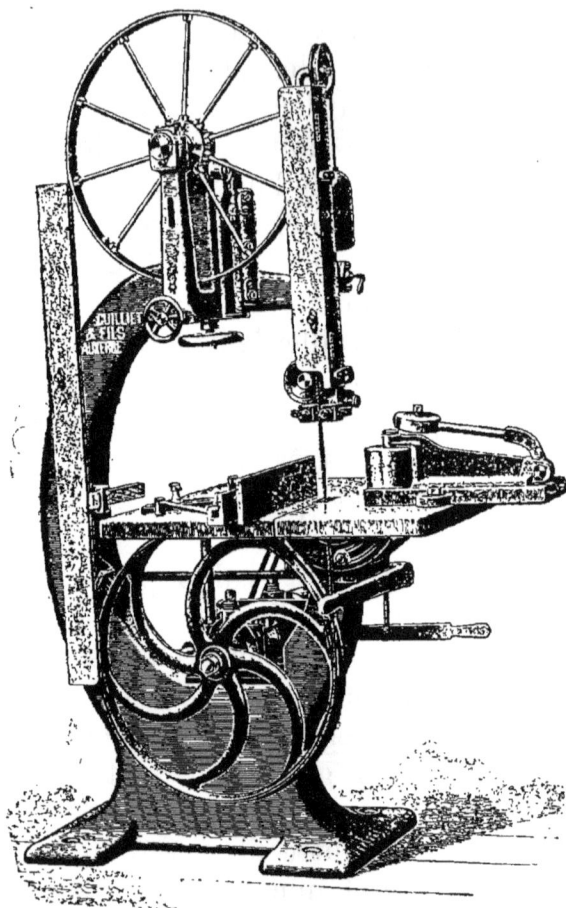

Fig. 167. — Scie à ruban avec guide et presseur.

Dans la machine ci-contre, les volants ont un diamètre de 70 centimètres ; la table a 90 × 80 centimètres, elle est munie d'un guide pour diriger le bois et d'un presseur.

Le volant supérieur, au lieu d'être en porte-à-faux,

tourne entre deux paliers ; les coussinets, en bronze phosphoreux, sont à graissage automatique et d'un système qui permet de rester très longtemps sans changer d'huile. La tension de la lame est donnée à l'aide d'un ressort à boudin. Les deux volants sont inclinables, ce qui est très important pour arriver à faire tenir la lame bien à sa place, aussi bien en bas qu'en haut. L'inclinaison du volant du haut peut se donner pendant la marche même de la machine ; s'a-perçoit-on que la lame a des tendances à s'en aller en arrière, ou bien vient-elle trop en avant, on n'a pas à arrêter la scie ; il suffit pour corriger cet inconvénient, de tourner légèrement un volant à boudin placé à la portée de l'ouvrier.

Les volants sont équilibrés et garnis d'une bande de caoutchouc ; une brosse empêche la sciure de s'accumuler sur le volant inférieur. La table peut s'in-cliner de façon à permettre de couper sous un angle quelconque.

La poulie folle est plus petite que la poulie fixe, de sorte que la courroie se trouve détendue lorsque la machine est arrêtée. Des volets protègent tout à fait l'ouvrier contre les accidents.

Les scies à ruban emploient des lames plus ou moins larges et à dentures plus ou moins fines selon les tra-vaux à exécuter ; en les garnissant d'une lame très étroite, elles permettent de faire les chantournements ou découpages extérieurs.

Les lames des scies à ruban s'affûtent soit à la main, au *tiers-point*, soit avec des machines auto-matiques spéciales, à meules d'émeri. La vitesse de la machine ci-contre est de 500 tours par minute, elle exige 1 ch. 1 /2 à 2 chevaux de force selon l'épaisseur des bois à débiter et coûte 700 francs.

Scies circulaires. — Les scies circulaires employées pour les travaux de menuiserie sont de petit diamètre (25 à 40 centimètres) et ont des dentures fines. Le bâti peut être en bois dur ou mieux en fonte, comme celui de la machine représentée ci-contre. On se sert de la scie circulaire pour débiter des madriers

Fig. 168. — Scie circulaire à table mobile et inclinable,

ou des planches, mais aussi, au moyen de lames spéciales ou *fraises*, pour faire des feuillures, des rainures, des tenons, etc..., c'est une machine qui rend de grands services dans un atelier de menuiserie où l'on fait des travaux en série et même des travaux ordinaires pour le bâtiment.

La machine représentée ci-contre est employée pour les travaux de menuiserie et pour débiter les planches et madriers. Elle possède un guide parallélogramme pour les sciages en long et des coulisseaux pour les sciages en travers.

La table peut monter et descendre pour permettre de faire les feuillures, rainures, etc. La table peut aussi s'incliner pour scier suivant tous les angles. La position horizontale de la table est réglée par une butée.

Fig. 169. — Appareil pour faire les rainures, feuillures, etc.,
au moyen d'une scie circulaire inclinable.

Les guides des coulisseaux pour scier en travers sont inclinables ; ils sont percés de trous pour pouvoir être prolongés par des pièces de bois.

De chaque côté de la lame, dans la table, se trouvent des plaques mobiles dans lesquelles sont placés les guides servant à maintenir la lame. Ces plaques métalliques peuvent être remplacées par une pièce de bois lorsqu'on emploie des petites lames pour des travaux fins et que ces lames doivent passer dans une ouverture aussi étroite que possible.

Le guide parallélogramme pour le sciage en long peut se rapprocher ou s'éloigner de la lame suivant les épaisseurs à scier ; il possède une plaque mobile pour pouvoir être réglé suivant le diamètre des lames.

L'arbre porte-lame est en acier fondu. Les coussinets, en bronze phosphoreux, ont un système de graissage automatique. L'huile est montée sur les portées par des bagues, puis retombe dans un réservoir pour être de nouveau amenée sur l'arbre et ainsi de suite.

La vitesse des scies circulaires est d'environ 800 tours par minute ; le prix d'un bâti complet avec tous les perfectionnements indiqués ci-dessus est de 750 francs environ.

Les lames des scies circulaires s'affûtent à la main, au tiers-point ou à la machine automatique à affûter.

Pour faire les lattes on emploie des scies circulaires à plusieurs lames. Il existe aussi des scies circulaires à lame horizontale pour faire spécialement les feuillures, les enfourchements, tenons, etc.

La force nécessaire aux scies circulaires varie selon la grosseur des bois à débiter et selon le diamètre et la denture de la lame. Pour la menuiserie il faut 1 ch. 1/2 à 3 chevaux.

Scies à découper dites sauteuses. — Ces machines ont une lame très étroite à denture fine, d'environ 25 centimètres de longueur, qui est animée d'un mouvement de *va-et-vient* par une bielle placée sous le bâti et un arc en bois ou en acier formant ressort de rappel. Elles permettent de faire les découpages intérieurs en passant la lame dans un trou percé d'avance dans le bois à découper.

Quand on a à découper plusieurs planches minces

du mêmes dessin, on les cloue les unes sur les autres et on peut ainsi en travailler plusieurs à la fois.

Souvent ces machines sont munies d'une petite

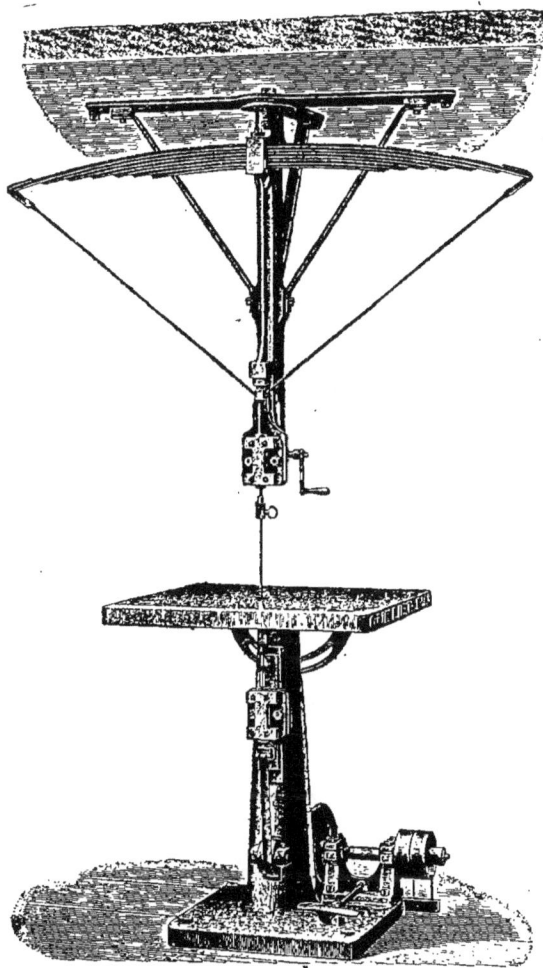

Fig. 170. — Scie à découper ou chantourner dite *sauteuse*.

perceuse pour faire les trous qui servent à passer la lame pour les découpages intérieurs.

La force nécessaire à ces machines est d'un demi-cheval ; certaines marchent au pied ou à bras d'homme ; la vitesse de rotation de l'arbre est de 300 à 400 tours par minute ; le prix de 800 à 1000 francs.

Machines à dégauchir, mortaiser et percer. — La

Fig. 171. — Machine à dégauchir, mortaiser et percer.

machine représentée ci-contre est une dégauchisseuse munie d'un appareil à faire les mortaises placé du côté de la poulie du porte-outils, c'est-à-dire du côté

Fig. 172. — Lame de dégauchisseuse ou de raboteuse.

opposé à celui où se tient l'ouvrier qui dégauchit. On peut ainsi mortaiser et dégauchir en même temps sans qu'un ouvrier gêne l'autre.

Cette dégauchisseuse peut être construite pour pouvoir seulement dégauchir ou bien pour pouvoir,

en outre, faire les moulures, feuillures, rainures, etc.
Dans ce dernier cas, les tables sont mobiles horizontalement pour pouvoir augmenter ou diminuer l'écartement des lèvres entre lesquelles passent les outils.
Le guide de la dégauchisseuse est inclinable ; il est
disposé pour pouvoir s'avancer sur toute la largeur
de la table pour se fixer à l'endroit que l'on désire.

Le bois destiné à être mortaisé est fixé sur une table

Fig. 173. — Petite dégauchisseuse avec presseur.

à l'aide d'une presse ; cette table peut monter et descendre au moyen d'une vis mue par un volant à
boudin ; elle peut aussi se mouvoir dans les deux sens
horizontaux à l'aide de leviers manœuvrés pendant
le travail. La mèche est fixée au moyen d'un porte-
mèche conique qui la centre exactement.

Le bâti, d'une seule pièce de fonte, est lourd et
solide. Les coussinets sont en bronze phosphoreux,
ils possèdent un graissage automatique. Le porte-
outils, en acier fondu, est équilibré exactement. Les

extrémités des tables de la dégauchisseuse sont garnies de plaques d'acier pour qu'elles ne s'ébrèchent pas.

Dans la dégauchisseuse il y a un *porte-outils* en acier sur lequel se vissent des *lames* en acier trempé. Le porte-outils tourne à une vitesse de 3500 tours environ par minute.

Les dégauchisseuses peuvent être munies de *presseurs* qui appuient constamment la planche sur la table et régularisent l'action de l'outil.

Ces lames de dégauchisseusès s'affûtent à la meule et à la pierre à huile.

Le prix d'une dégauchisseuse simple est de 900 à 1000 francs avec supplément de 50 francs pour chaque outil supplémentaire. La force nécessaire est d'environ 1 à 2 chevaux suivant la largeur des bois que l'on travaille.

Certaines machines à dégauchir sont munies de cylindres cannelés qui font avancer le bois automatiquement ; ce dispositif est avantageux quand on désire obtenir un grand débit.

Machines à raboter tirant les bois d'épaisseur. — Les dégauchisseuses à outil rotatif en dessous ne dressent et blanchissent les bois que sur deux faces ; pour les tirer d'épaisseur et de largeur, on se sert des machines représentées ci-contre. Celles-ci servent aussi à blanchir les bois minces et les panneaux assemblés qui n'ont pas été dégauchis ; dans ce cas, le bois est redressé par des presseurs avant d'être soumis à l'action des outils.

Le bois est entraîné d'une façon continue par deux cylindres qui tournent automatiquement; deux autres cylindres, également en acier, sont placés dans la table pour faciliter l'avancement du bois. Le porte-outils, muni de deux lames, tourne entre les deux cylindres supérieurs ; il tourne à environ 4000 tours par minute.

Pour permettre le rabotage des bois très minces et pour que le bois soit bien maintenu surtout à ses

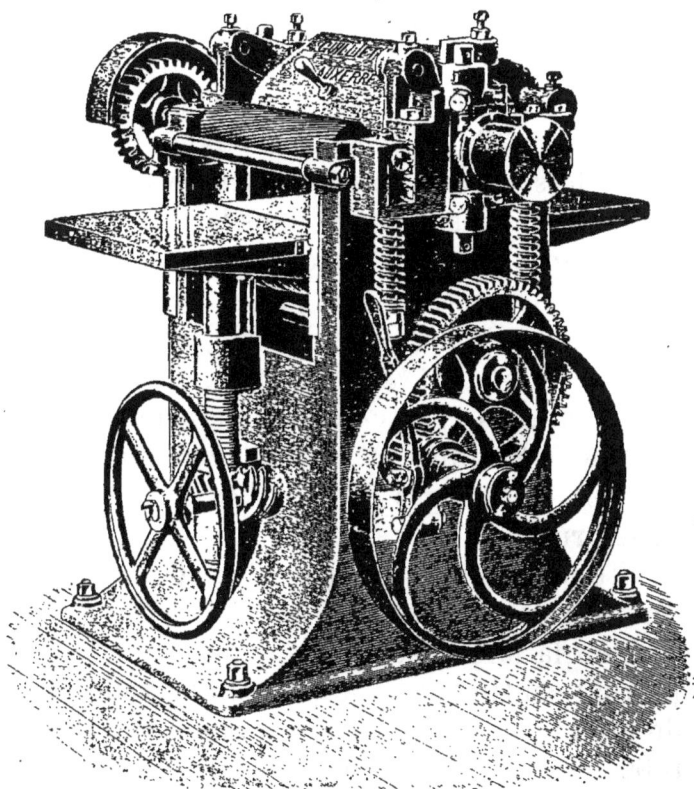

Fig. 174. — Machine à raboter, tirant les bois d'épaisseur.

extrémités, ces machines possèdent, en outre, deux presseurs agissant en avant et en arrière du porte-outils et aussi près que possible du travail.

La table monte et descend au moyen d'un volant à boudin, et une règle graduée indique en millimètres les distances entre cette table et le porte-outils, et par conséquent l'épaisseur qu'aura le bois une fois raboté.

Un débrayage permet d'arrêter instantanément le mouvement de rotation des cylindres d'entraînement.

Ces raboteuses possèdent un fort bâti d'une seule pièce de fonte, des coussinets en bronze phosphoreux à rotule pour permettre le réglage du porte-outils par rapport à la table ; ces coussinets ont un graissage automatique : l'huile contenue dans un réservoir placé en dessous des portées est montée sur l'arbre par des bagues puis retombe dans le réservoir et ainsi de suite ; on a de cette façon une grande propreté puisque l'huile ne se répand pas en dehors du palier, une économie d'huile considérable, et un graissage certain et abondant évitant toute usure et tout échauffement. Le porte-outils, en acier fondu, est par.aitement équilibré et rectifié avec une haute précision. Les engrenages sont taillés à la fraise pour éviter le bruit.

La vitesse d'une raboteuse est de 600 à 800 tours par minute ; elle nécessite 1 ch. 1/2 à 3 chevaux de force selon la largeur des bois depuis 40 centimètres jusqu'à 60 centimètres ; le prix d'une telle machine est de 1200 francs pour bois jusqu'à 40 centimètres et de 1600 francs pour des bois jusqu'à 60 centimètres de largeur.

Les lames sont analogues à celles des dégauchisseuses.

Toupies ou machines verticales à moulures. — La *toupie* est une machine qui rend de très grands services dans un atelier de menuiserie ; elle se compose d'un arbre vertical entraîné par une courroie *demi-croisée*, c'est-à-dire que cette courroie reçoit le mou-

vement d'un arbre horizontal et le transmet à l'arbre
vertical qui tourne à 4000 ou 5000 tours par minute.
Sur le haut de cet arbre vertical, on peut fixer soit
des *lames plates* droites ou profilées, soit des outils
ronds, sortes de *fraises* qui permettent de faire toutes

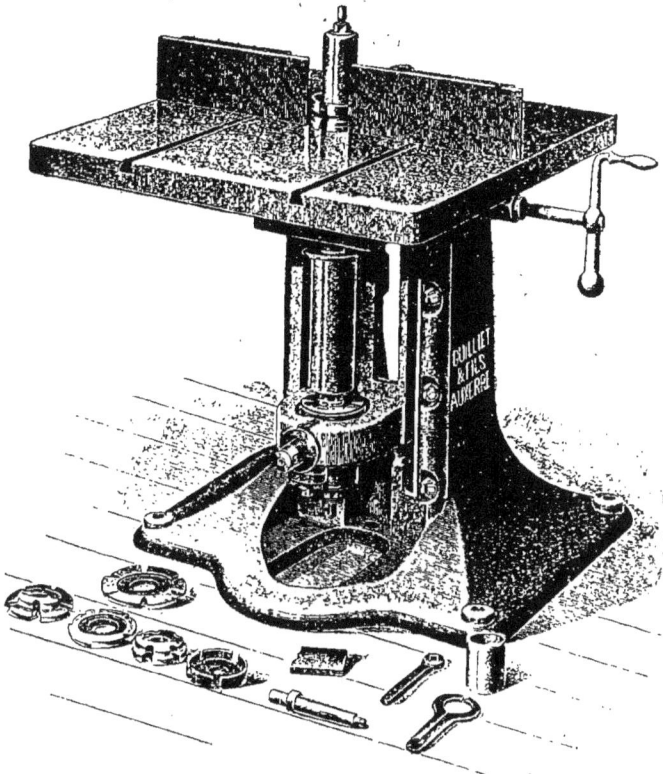

Fig. 175. — Toupie à axe vertical avec guide.

sortes de travaux tels que : moulures, rainures, feuillures, languettes, tenons, enfourchements, etc. On
peut faire les moulures droites ou courbes ; pour les
moulures droites on place sur la table un *guide* et
quelquefois des *presseurs* qui dirigent le bois à travailler.

La toupie est un instrument dangereux pour les

 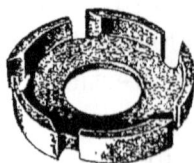 

Fig. 176.   Fig. 177.   Fig. 178.

Outils pour faire les rainures ou feuillures.

Fig. 179.   Fig. 180.   Fig. 181.

Outils pour moulures de portes, lambris, chambranles, etc.

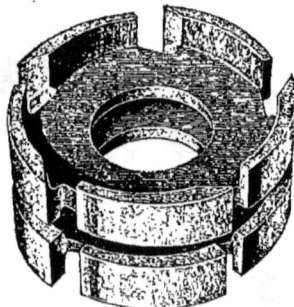

Fig. 182. — Outils à feuillures travaillant ensemble
pour faire les languettes.

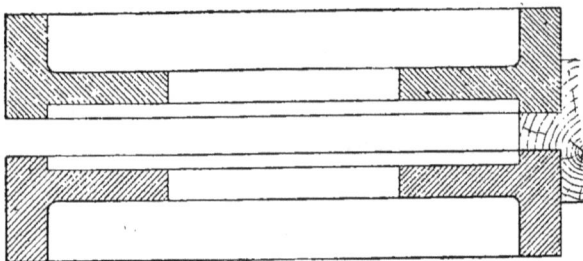

Fig. 183. — Mode de travail des outils ci-dessus.

doigts de l'ouvrier qui est souvent imprudent et
qui pousse le bois avec ses mains au lieu de se servir

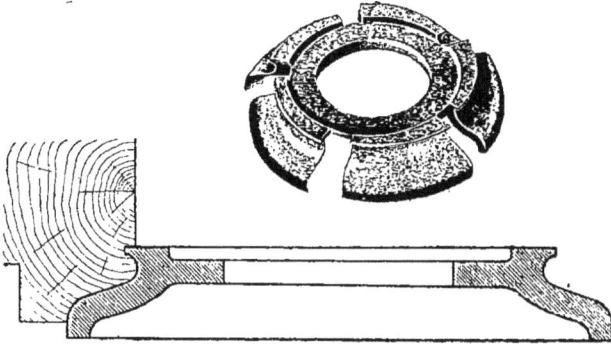

Fig. 184. — Outil à moulures.

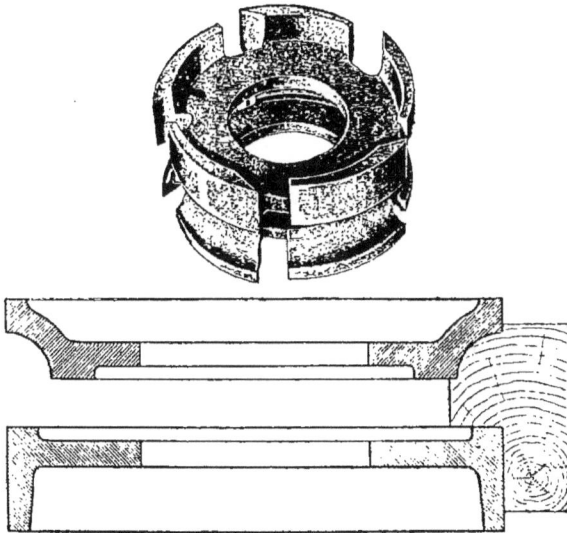

Fig. 185. — Outil à moulures et feuillures à vitre.

pour cela d'une tige de fer ou de bois dur qui éviterait
tout accident.

Il existe des protecteurs pour toupies, mais il n'y

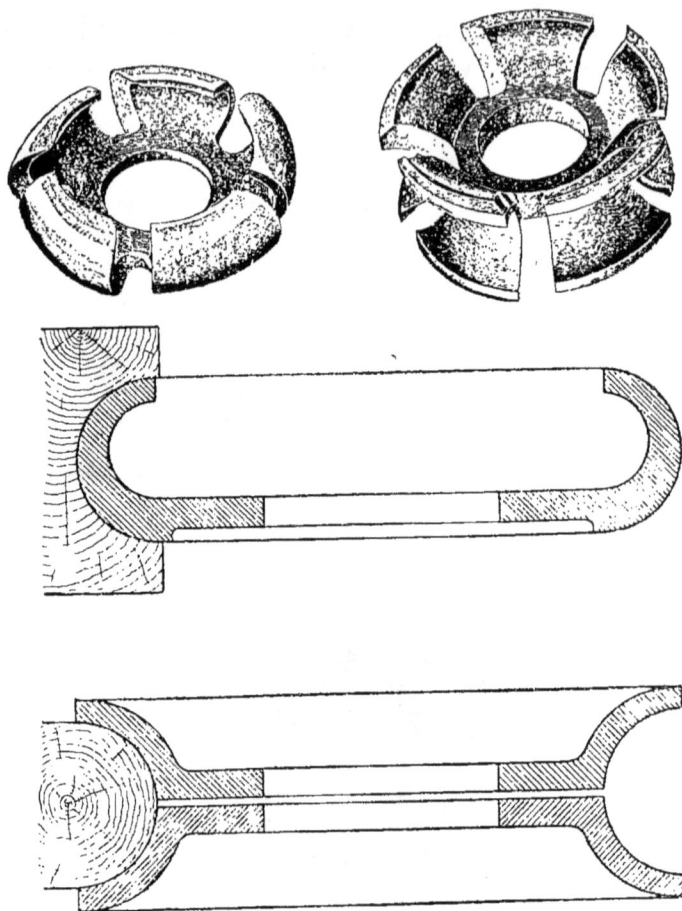

Fig. 186. — Outils à gueules de loup et à noix.

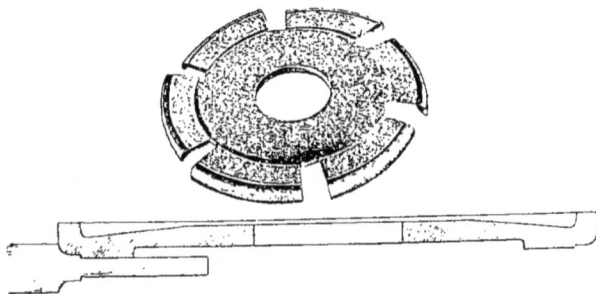

Fig. 187. — Outil à plates-bandes et moulures.

en a pas de vraiment pratique, il faut donc se servir avec prudence et attention de cet outil si commode pour le menuisier.

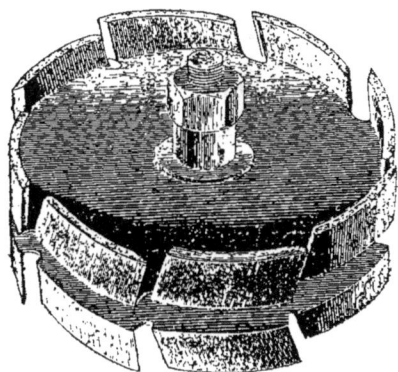

Fig. 188. — Outil à tenons simples (fraises à 8 dents).

Dans les toupies, l'arbre peut monter ou descendre à volonté pour faire les travaux sur toutes épaisseurs de bois ; cet arbre doit être en acier rectifié avec des coussinets à graissage automatique ; il faut veiller

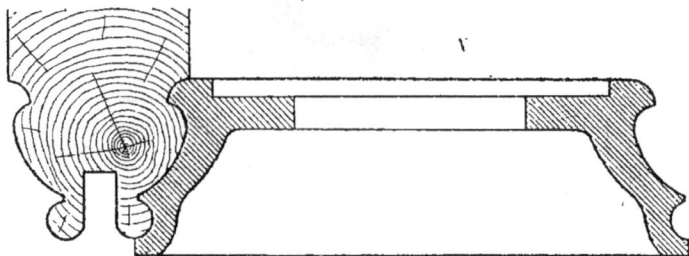

Fig. 189. — Outil faisant une moulure de petit cadre.

à ce que l'outil soit très solidement fixé sur le bout de l'arbre.

Nos gravures montrent quelques outils perfectionnés pour le travail des toupies, ainsi que les divers travaux que font ces outils, mais la toupie peut faire encore une infinité d'autres travaux tels que ceux énumérés ci-dessus.

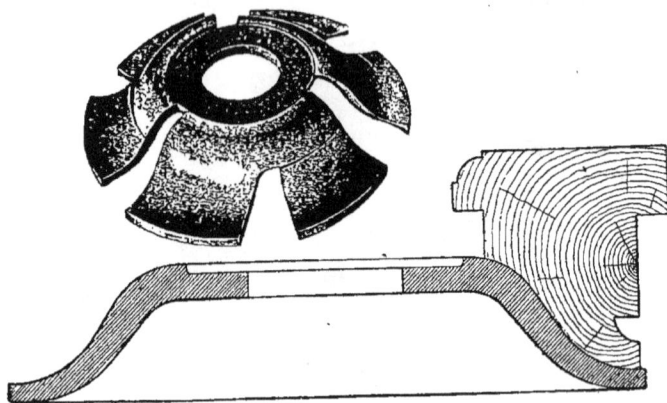

Fig. 190. — Outil à jet d'eau.

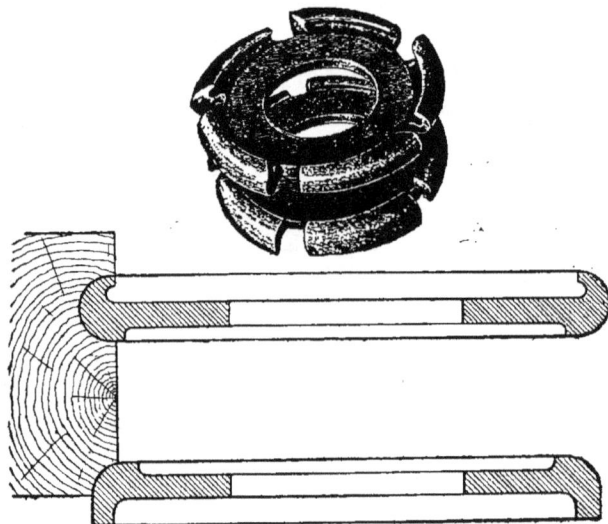

Fig. 191. — Outils à gouttes d'eau.

La force nécessaire à une toupie est de 2 chevaux environ, le prix de 650 francs environ.

Machines à mortaiser. — Dans ces machines il y a deux outils :

1º Une mèche hélicoïdale tournant horizontalement au-dessus d'une table munie d'un presseur et d'un guide qui permet de placer le bois de façon que

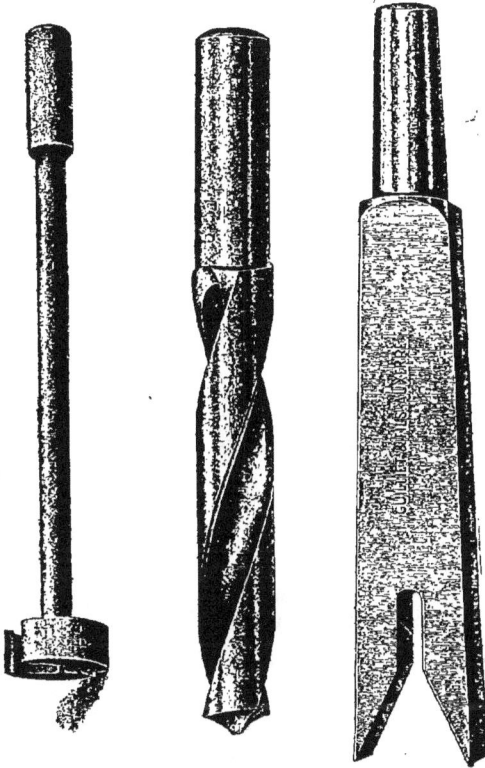

Fig. 192.   Fig. 193.   Fig. 194.
Mèches et bédane pour machines à mortaiser.

l'outil perce à la profondeur voulue. La table se déplace sur deux glissières parallèlement à l'outil et l'outil s'avance et se recule avec un levier. Pour mortaiser on perce un trou puis on imprime un mouvement transversal de la table, ce qui permet à l'outil de creuser la mortaise sur toute sa longueur.

2º La mortaise étant ainsi *défoncée* ou *ébauchée*, les angles vifs sont faits avec un |bédane que l'on voit sur la gravure à côté de la mèche hélicoïdale : ce

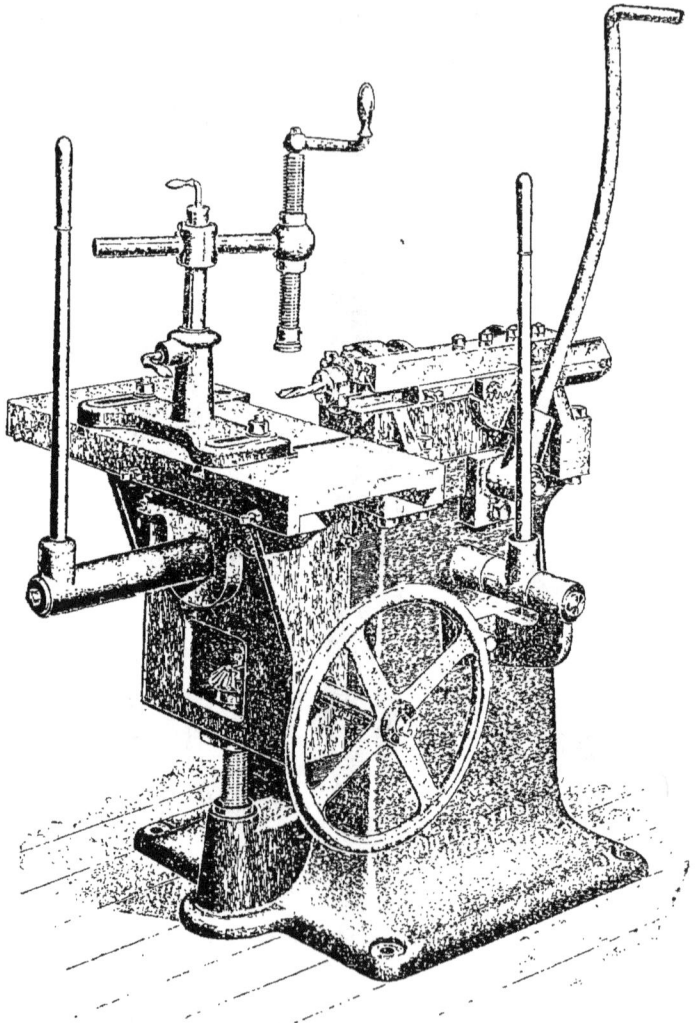

Fig. 195. — Machine horizontale à mortaiser.

bédane a un mouvement de va-et-vient au moyen d'un levier ; il suffit de l'enfoncer une fois à chaque extrémité de la mortaise pour faire les angles d'équerre.

La course de la table se règle par des butées ; elle peut monter et descendre pour faire des mortaises simples ou multiples dans les bois de toutes épaisseurs.

L'arbre porte-mèche tourne à 3000 tours par minute dans des coussinets à bain d'huile ; la force nécessaire est d'un demi-cheval environ ; le prix de la machine est de 900 francs.

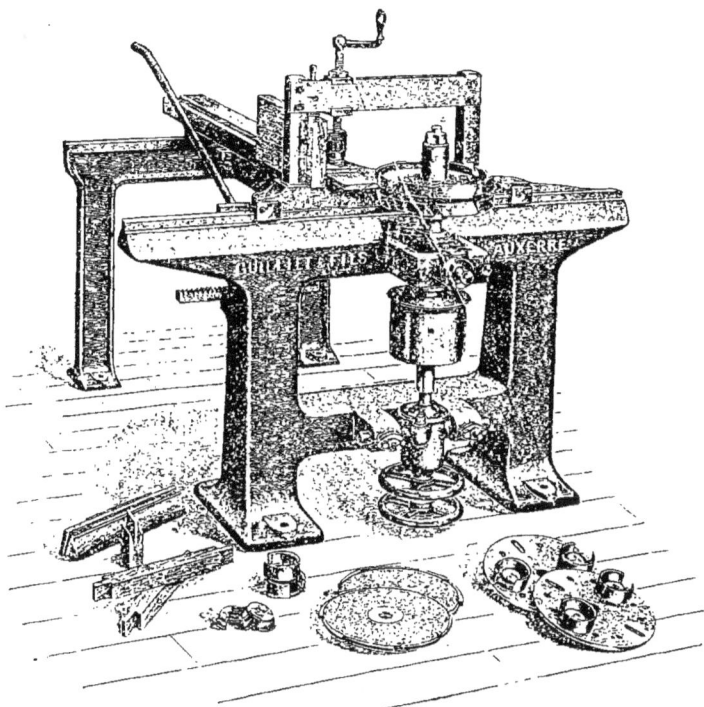

Fig. 196. — Machine à faire les tenons et enfourchements.

Certaines mortaiseuses n'ont pas de bédane, elles font alors des mortaises à angles arrondis qui sont suffisantes pour les travaux ordinaires du bâtiment ; ces machines coûtent seulement 600 à 800 francs.

Il existe aussi des machines à mortaiser verticales qui servent en même temps de machine à percer ; celle horizontale peut aussi remplir cet office.

Machines à faire les tenons et enfourchements. — Ces machines sont des sortes de toupies sur lesquelles on fixe des *disques-fraiseurs* à écartement variable selon l'épaisseur du bois à conserver ; la table de la machine, sur laquelle est fixé le bois à travailler, peut glisser horizontalement de façon que le tenon se fait automatiquement par un simple mouvement du levier. Les disques tournent à 1800 tours par minute avec une force motrice de 2 chevaux environ ; le prix de ces machines est de 1.000 francs.

Il existe aussi des *tenonneuses* qui font les tenons au moyen de plusieurs scies circulaires dont les unes sont horizontales et les autres verticales ; ces machines, plus coûteuses que les précédentes, ne sont employées que pour les travaux en grandes séries.

Il existe encore un grand nombre de types de machines pour le travail des bois : telles sont les machines *à trancher*, à faire les *queues d'aronde*, à *bouveter* automatiquement, etc., mais celles que nous avons décrites sont les plus pratiques pour la menuiserie ordinaire.

CHAPITRE XII

PLANCHERS ET PARQUETS

On nomme *plancher* un revêtement en planches épaisses et jointives clouées sur les solives d'un plancher d'étage. Les planches sont posées perpendiculairement aux solives ; ce genre de planchers ne s'emploie que pour les magasins ou greniers ; le retrait des planches par la dessiccation fait ouvrir les joints du plancher, et, de plus, ces planches étant d'au moins 0 m. 22 de largeur sur 0 m. 025 d'épaisseur ont une tendance à se voiler. On peut aussi assembler ces planches entre elles à rainure et languette et les réunir par des planches perpendiculaires à la direction des premières.

Dans les anciens *planchers à la française* les planches de chêne étaient placées sur les solives et parallèlement à ces solives ; ces planches étaient assez solides et épaisses pour supporter une forte couche de plâtras sur laquelle étaient posés soit un carrelage, soit une rangée de lambourdes sur laquelle on clouait le parquet.

Les *parquets* sont formés de planches peu larges, assemblées entre elles à rainures et languettes et clouées sur les solives ou sur les lambourdes avec des clous invisibles. Ces planches étroites se nomment *frises*.

« Il faut, dit Rondelet, pour que les parquets soient bons et se maintiennent beaux, y employer du bois bien sec qui ne soit pas sujet à se tourmenter ; on ne doit le mettre en œuvre que trois ou quatre ans après qu'il a été débité.

« Comme on s'est aperçu que les planches qui ont trop de largeur sont sujettes à se *cofiner*, c'est-à-dire à se gauchir ou bomber dans le milieu, on a imaginé de n'y employer que des planches de 3 à 4 pouces de largeur (7 à 10 centimètres), sur 15 à 16 lignes d'épaisseur (30 à 36 millimètres).

Aujourd'hui, on fait les parquets en sapin de 10 centimètres de largeur sur 18 ou 25 millimètres d'épaisseur ou en chêne *merrain* du Nord fendu, qui a 6 à 13 centimètres de largeur sur 27 à 40 millimètres d'épaisseur. On emploie aussi du chêne refendu à la scie, mais il ne fait pas d'aussi bons parquets que le précédent. Entre 6 et 7 centimètres de largeur, les parquets de chêne se nomment *frisettes*. On fait aussi des parquets en sapin rouge de Norvège et en *pitchpin*, qui sont plus durs que ceux en sapin blanc. Le parquet se pose soit directement sur les solives en bois qu'il faut alors dresser parfaitement toutes dans le même plan, ou bien sur des *lambourdes*, 6 × 8 ou 4 × 8, clouées perpendiculairement aux solives et calées convenablement pour qu'elles soient toutes dans le même plan. Si le solivage est en fer, on pose les lambourdes comme il a été indiqué au volume V de cet ouvrage (*Charpentes en fer*).

Dans le parquet à l'*anglaise*, les frises sont toutes

parallèles et assemblées sur leurs quatre côtés entre elles à rainures et languettes ; autant que possible, on fait tomber les joints sur les lambourdes (fig. 197).

Dans le parquet *coupe de pierres*, toutes les frises sont de même longueur, les joints sont faits sur le milieu des lambourdes (fig. 198).

Fig. 197.

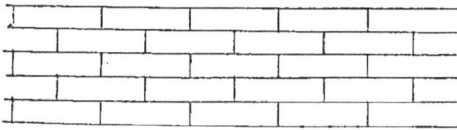

Fig. 198.

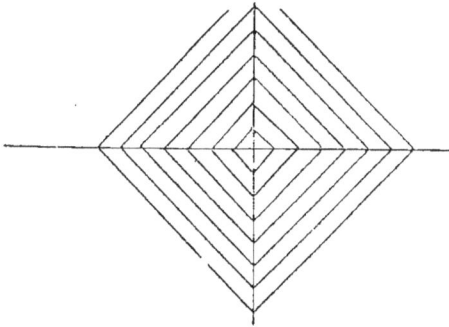

Fig. 199.

Dans le parquet *à point de Hongrie*, ou en *fougère*, on fait un encadrement tout autour de la pièce et les lames ou frises du parquet sont inclinées à angle droit les unes sur les autres ou à l'angle de 60 degrés, qui est préférable à l'angle de 90 degrés, parce que le retrait du bois se fait d'autant moins sentir que la coupe est plus franche (fig. 200).

Le parquet à *point de Hongrie retourné* est formé de compartiments comme le montre la figure 199.

Le parquet à *bâtons rompus* est disposé comme celı
à point de Hongrie, mais les frises y sont coupéc
d'équerre (fig. 201).

Les *parquets d'assemblage* ou parquets sans fin son
formés de cadres ou bâtis, assemblés à tenons e
mortaises, dans lesquels sont des planches ou pan

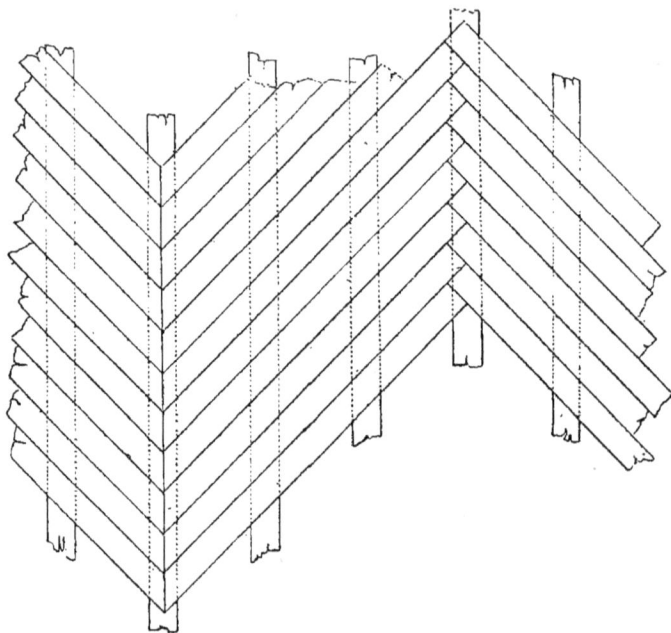

Fig. 200.   Fig. 201.

neaux assemblés à rainures et languettes avec les ca
dres. Les figures 202 et 203 montrent le travail de cı
genre de parquet.

On fait de même les parquets à *petites feuilles*, :
grandes feuilles, à panneaux ou *compartiments*. Lı
plus souvent, on construit ces parquets avec des boı
de diverses essences pour former une sorte de mo
saïque.

Dans les constructions luxueuses, on fait des par
quets en *marqueterie*, formés de cadres ou compar

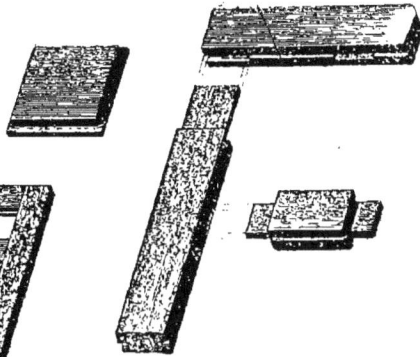

Fig. 202.   Fig. 203.

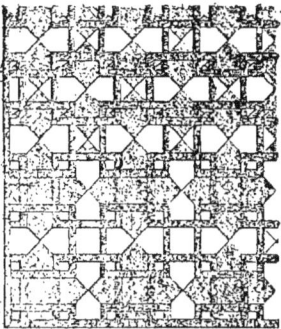

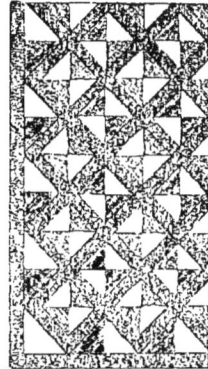

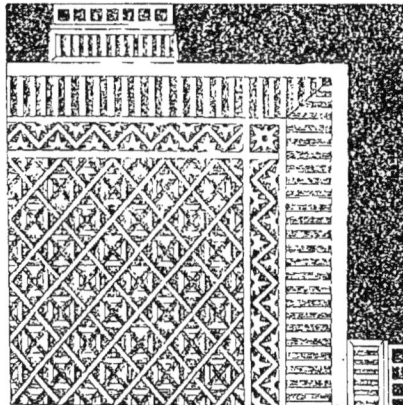

Fig. 204.

9

timents dans lesquels sont encastrés des panneaux sur quoi l'on colle la marqueterie avec de la colle forte. Ces marqueteries sont faites en bois de diverses essences ou en bois colorés artificiellement de façon à former toutes sortes de dessins. Les parquets en *mosaïque* se font de même sur un premier parquet ou plancher en sapin ou en chêne (fig. 204)

On met généralement une *frise courante* formant encadrement tout autour de la pièce et aussi des encadrements autour des marbres des cheminées (encadrement de foyer).

On ne doit poser les parquets que lorsque les hourdissages et les scellements des lambourdes sont parfaitement secs, ce qui demande plusieurs mois. Il faut poser les parquets à la fin de l'été.

On cloue le parquet avec des *pointes à tête d'homme* que l'on enfonce dans l'épaisseur intérieure des rainures, de façon que la tête du clou est cachée par la languette de la frise suivante et qu'aucun clou n'est apparent à la surface du parquet. On se sert aussi

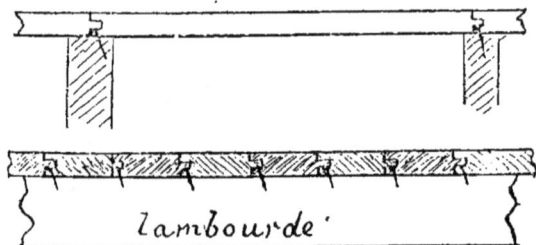

Fig. 205 et 206.
Manière de clouer les parquets à clous invisibles

pour la pose des parquets d'agrafes ou crochets en fer.

Quand le parquet est cloué, on le recouvre de copeaux ou de sciure de bois pour lui éviter le brusque contact de l'air ; après quelques jours, on le rabote et on le polit au râcloir et on le frotte avec de l'encaustique puis avec de la cire à parquets.

Les parquets sur *bitume* se font dans les endroits humides (sous-sols et rez-de-chaussée) ; on coule un lit de bitume chaud sur lequel on applique directement les frises du parquet qui s'emploient ici sans rainures ni languettes. Ces frises se collent, par leur face brute de sciage, dans le bitume bouillant où elles adhèrent fortement. On fait aussi des parquets sur bitume dans lesquels des lambourdes sont scellées dans un bain de bitume bouillant ; sur ces lambourdes on cloue ensuite le parquet.

Pour l'isolement des planchers, voir le volume *Couverture des bâtiments.*

Pour préserver les parquets de l'humidité, on peut les poser sur une feuille de carton bitumé ou de rubéroïd interposée entre les lambourdes et le parquet.

Voici une composition pour bitume à poser les parquets :

Goudron de gaz...............	2 kilos.
Bitume.....................	25 »
Sable graveleux sec..........	12 »

A employer bouillant.

Poids et prix des parquets ordinaires à l'anglaise :

Le parquet de sapin de 25 millim. pèse 17 kil. le mètre carré.
» » 18 » » 12 kil. »
» de chêne de 25 » » 23 kil. »
Le parquet de sapin de 25 millim. coûte environ 6 fr. le mq.
» » 18 » » 5 fr. »
» de chêne de 25 » » 9 fr. »

TABLE DES MATIÈRES

Orléans, imp. H. Tessier.